高等职业教育旅游与餐饮类专业"互联网+"创新教材

侍酒服务与管理

主　编　潘家佳　吕　静

副主编　余　冰　谭金凤　王晓晓

参　编　张　涛　潘鸿保　林翔君

　　　　庾江帆　洪丽艳

机械工业出版社
CHINA MACHINE PRESS

本书是一本面向侍酒服务与餐厅酒水管理岗位的综合性实用教材。本书按照"任务驱动"式教学模式进行编写，将餐厅中侍酒服务与酒水管理的岗位能力按照素养、知识、技术、沟通和管理五大能力类型拆解为 90 个任务项，为课堂和岗位教学提供清晰明了的知识体系和可评可测的评价依据。本书适合职业教育层次"葡萄酒文化与管理""酒店管理与数字化运营""民宿管理与运营""休闲服务与管理"等专业和本科层次"酒店管理"专业教学使用。本书不仅教学内容与时俱进，紧贴职业岗位需求，还配有教学视频、教学课件、教师手册等教学辅助工具，为用书教师实施课堂教学提供全面保障。凡选用本书作为教材的教师均可登录机械工业出版社教育服务网 www.empedu.com，免费下载教学资源。如有问题请致电 010-88379375 联系营销人员，服务 QQ：945379158。

图书在版编目（CIP）数据

侍酒服务与管理 / 潘家佳，吕静主编 . — 北京：
机械工业出版社，2022.6
高等职业教育旅游与餐饮类专业"互联网 +"创新教材
ISBN 978-7-111-70343-3

Ⅰ . ①侍… Ⅱ . ①潘… ②吕… Ⅲ . ①酒 – 基本知识 – 高等
职业教育 – 教材 ②酒吧 – 商业管理 – 高等职业教育–教材
Ⅳ . ① TS971.22 ②F719.3

中国版本图书馆CIP数据核字（2022）第043084号

机械工业出版社（北京市百万庄大街22号 邮政编码100037）
策划编辑：孔文梅　　　　　　　　责任编辑：孔文梅　董宇佳
责任校对：薄萌钰　张 薇　　　　　封面设计：鞠 杨
责任印制：常天培
北京宝隆世纪印刷有限公司印刷

2022年8月第1版第1次印刷
184mm×260mm·13.5印张·307千字
标准书号：ISBN 978-7-111-70343 – 3
定价：65.00元

电话服务　　　　　　　　　　　网络服务
客服电话：010 – 88361066　　　机 工 官 网：www.cmpbook.com
　　　　　010 – 88379833　　　机 工 官 博：weibo.com/cmp1952
　　　　　010 – 68326294　　　金 书 网：www.golden-book.com
封底无防伪标均为盗版　　　机工教育服务网：www.cmpedu.com

前言

我国是一个拥有数千年灿烂酒文化的国度。中国的酒文化，是人类历史长河中一块至珍至重的瑰宝，是数千年来中国匠人智慧的传承和结晶，是中华民族的骄傲。"酒中有味、酒中有礼"，中华民族对于酒水服务和酒水礼仪的探索和实践持续了数千年，积累了相当丰富且宝贵的经验。

习近平总书记曾深刻指出："人民对美好生活的向往，就是我们的奋斗目标。""民以食为天"，美食和美酒，是人民美好生活的重要组成部分。随着我国城镇居民生活水平的不断提高，对于高品质餐饮服务的需求也逐渐增强。作为现代餐饮服务中的重要环节，专业侍酒服务是将美食和美酒连接在一起的纽带，是彰显餐桌文化、展示餐厅服务人员职业风采、提升客人就餐满意度的法宝。而严谨、专业、有效的酒水管理机制则是助力餐厅服务升级、提高餐厅盈利能力的重要手段。

侍酒服务是从餐饮服务中独立出来的重要技能分支。它要求从业人员不仅要具备极强的动手实操能力，还必须掌握丰富扎实的酒水相关理论知识，同时还要具备流畅的对客沟通能力和职业表现力，因此被视为匠人精神与现代城市服务业的完美结合。侍酒服务适用于现代接待业中众多的工作场景，如高星级酒店、以米其林和黑珍珠餐厅为代表的高端美食餐厅、游轮游艇、航空头等舱、私人会所、酒水文化传播课堂、酒水市场营销线下体验活动等。由此可见，侍酒服务对于从事餐饮前厅服务、酒水国内外贸易、酒水文化传播等工作的专业人士来说是一门举足轻重的学科。

除侍酒服务外，酒水管理也是本书将讲述的一个重要知识范畴。这里的酒水管理指的是在高级餐厅中的酒水管理，涉及餐酒搭配、酒单的设计与制作、餐厅酒水的销售、餐厅酒水的采购和仓库管理等多项管理实务。在餐饮高端化发展的趋势下，就餐客人越来越注重美食与美酒相互搭配的综合体验，这就直接带动了佐餐酒水销量的提升。从餐厅经营角度分析，酒水管理体系的建立和完善无疑会给餐厅带来新的利润增长点，从而缓解目前绝大多数餐饮企业所面临的人员薪资成本高、食材成本高、场地租金成本高而利润降低的经营压力，使餐厅实现可持续性发展的健康态势。

本书将侍酒师岗位能力分为素养、知识、技术、沟通和管理五大范畴，并在此框架内将能力建设细分为 90 个任务，从而将"任务驱动"式教学法贯穿于教材的使用当中。本书不仅适合已经开设或有意向开设酒水相关课程的中、高职院校和应用型本科院校师生使用，也适合从事酒水服务、酒水贸易和酒水营销等工作的在职人士研读。侍酒服务和酒水管理是属于两个认知层次的学习，通过技能学习的连接作用，使关于酒水文化的学习在真实的职业岗位中得到延伸和落地。从技能到管理，这是一个由浅到深、由简单到复杂、由动手能力到动脑能力的研学过程。在实际工作场景中，它们之间具有极强的内在逻辑联系，体现了同一领域下职业生涯发展不同阶段的能力要求。对有志于在酒水服务与营销事业上一展拳脚的学习者来说，这是一本可以陪伴大家职业生涯发展过程的工具书。

本书从中华传统文化教育和职业素养建设两方面体现课程思政。书中所涉及的酒水品类除葡萄酒、白兰地、威士忌和日本清酒外，还着重介绍了中国白酒和中国黄酒相关的文化知识和侍酒服务技能。对于这两大中国传统酒品的系统学习有利于加深学生对于中国酒文化的理解。同时，通过将中国传统酒文化与现代侍酒服务技能教育相结合，可以让学生在面对国际化工作情境时能够更好地输出中华文化内涵，展现民族文化自信。此外，本书还注重学生"侍酒师"岗位职业素养和职业认同感的建设，对于专业从业人员仪容仪表的要求有细致的描述且给出自查标准，对于岗位职能、职业道德、行为规范和职业生涯规划也进行了深入的阐述。

本书由我与来自全国八个不同院校的老师共同编写。教材知识架构来自编者十余年来行业经验的积累，以及对我国侍酒服务和酒水管理岗位的观察与思考、对全球成熟酒水市场劳动者职业能力标准的研究和对欧美国家职业院校酒水管理教学体系的总结。以本书为蓝本的教学实践已经在多个高职院校酒店管理专业中实施并取得良好的效果。

在本书的编写过程中，我们得到了来自全国众多酒水、餐饮企业专家和旅游管理专业院校专家的大力支持。在此，请允许我向中山大学管理学院博士生导师谢礼珊教授致以诚挚的谢意，感谢谢教授在本书的撰写过程中给予我们的无私帮助和指导；同时我要感谢张裕集团、迦南美地酒庄、宁夏美贺庄园、宁夏留世酒庄、宁夏博纳佰馥酒庄、新疆天塞酒庄、醴铎（RIEDEL）、波尔多贝马格雷集团（BERNARD MAGREZ）、法国唯卡集团（VIGNERONS CATALANS）、法国老钟楼（VIEUX CLOCHER）、麦克拉伦谷漫山酒庄（HITHER & YON）、维品诺酒柜（VINOPRO）、智利威玛酒庄（VIU MANET）、广州华行酒店用品、EMW由西往东（上海）贸易有限公司、桃乐丝中国（Torres China）、杉泰酒业、众利酒业、广州市宝醇丽贸易有限公司等企业对本书撰写工作的支持；最后还要感谢我的同事王银琴对书中图片的精心处理和程侨素对书稿的审校工作。有了你们的帮助，本书的编写工作才得以顺利完成。在此我谨代表编写团队成员向大家表示衷心的感谢！

潘家佳｜国家一级品酒师

教材使用说明

一、五大能力建设范畴

本书将"任务驱动"式教学模式贯穿于"侍酒师"职业能力建设的始终,构建了以五大能力建设范畴为架构,以90项能力建设任务为内涵,以能力学习方法和学习难度评估值为辅助工具的教学和评价模式。

根据岗位工作任务性质和对个人能力的要求,我们将侍酒师岗位职业能力建设任务划分为五个范畴。这五个能力建设范畴由五个专属图标表示(如图0-1所示),分别是职业素养能力建设、职业知识能力建设、职业技术能力建设、职业沟通能力建设和职业管理能力建设。每个范畴都有其对应的能力描述和能力体现形式(如表0-1所示)。

素养能力　　知识能力　　技术能力　　沟通能力　　管理能力

图 0-1　五个职业能力建设范畴

表 0-1　关于五个能力建设范畴的描述

能力建设范畴	能力描述	能力体现形式
职业素养能力建设	包括培养学生对职业和岗位工作内容的认知,对职业发展路径的了解,对岗位相关文化的深入了解并建立职业认同感,对岗位工作的仪容、仪表要求的认知和执行,对岗位相关职业道德的认知和遵守等	对岗位从业要求的理解能力和执行能力
职业知识能力建设	包括完成岗位工作所需具备的相关知识储备;主要体现为阅读和记忆能力的培养	对相关知识的解读能力和记忆能力
职业技术能力建设	包括完成岗位工作所需要具备的技术技能的培养和训练	对技术操作流程的记忆能力和动手操作能力
职业沟通能力建设	包括在完成岗位工作过程中需要具备的与客人沟通的能力、与供应商沟通的能力和与同事(上级与下级)沟通的能力	对职业沟通内容的口头表达能力、理解能力,人际相处能力
职业管理能力建设	包括在完成岗位工作过程中所要具备的对人力资源、对企业财务和对产品的管理能力	对现象的分析能力,对人、事、物的统筹管理能力,对工作的规划能力

二、"任务驱动"式教学法和辅助工具

不同类型的能力范畴由不同的建设任务所构成。本书的能力建设任务共有 90 个。为便于老师根据客观条件和学生的学习程度实施教学，针对不同任务的特点，我们将任务的学习难度分为五个评估等级（如表 0-2 所示）。针对每一项能力建设任务，我们都会给出难度等级提示。

表 0-2 能力建设任务难度表述

能力范畴	建设难度				
	1	2	3	4	5
素养能力		对岗位工作内容和相关文化的了解，可通过自主阅读或老师讲授的方式获取	结合岗位特点所提出的岗位行为准则，需要在老师的带领下通过情境模拟、案例分析等方式进行学习并加深理解	职业道德相关的准则，需要在有行业经验的老师的讲解和带领下学习	对职业素养深层内涵的理解和领悟，需要通过参与正式的岗位工作，在加深职业认同的同时进行理解和内化
知识能力	常识性知识	内容单一，结构简单的知识，可通过自主阅读或老师的讲授获取	内容比较复杂，可通过阅读本教材内容并深入理解获取的知识	内容复杂，衍生知识较多，需要通过课外拓展阅读并深入理解获取的知识	体系复杂、内容繁多或者是抽象的需要通过对于经验的归纳总结获取的知识
技术能力	单一技能，即学即会	具有数个连贯的操作流程，可以借助视频、图片等工具进行学习	具有多个连贯的操作流程，需要在老师的指导下了解技术要领并通过多次练习掌握	具有复杂的操作流程，需要应付多变的工作场景；需要进行多次练习才能够掌握	具有与其他能力协同完成的工作流程，需要应付复杂、挑剔的工作场景；需要在专业人士指导下通过多次练习才能够掌握
沟通能力			具备基于书面内容背诵并口头转述的能力	懂得根据工作情境进行灵活有效表达	懂得通过口头沟通处理复杂或棘手的工作问题
管理能力			具备基于管理表格的记录和统计能力或对某项岗位管理办法和流程的认知和理解	懂得依据现有标准对情况进行分析，认知和理解某项较复杂的岗位管理办法	对复杂的工作流程进行评估、监督和管理；对产品进行总体管理；对岗位工作进行分工，对薪酬制度进行设计和计算；对不足环节进行分析并提出整改意见

　　在本书中，我们会在每一个任务内容阐述和解析后，以"任务标签"的形式对其加以注明（如图 0-2 所示）。

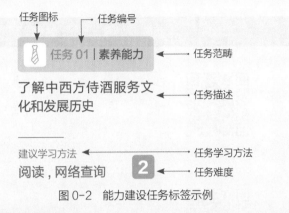

图 0-2　能力建设任务标签示例

　　"任务标签"是一个教学辅助工具，贯穿教材始终。"任务标签"中除了提供任务范畴、任务描述、任务难度等信息外，还根据编者的教学经验，给出了任务学习方法，供老师和学生们参考。

二维码索引

目录

侍酒服务与管理

单元 1

侍酒服务与管理
岗位概述

Unit One

内容提要

本单元针对"侍酒师"岗位的岗位职能、职业发展路径和薪酬构成进行详细解析；同时也对"侍酒师"岗位的职业着装、仪容仪表、行为规范等做出明确阐述。对本单元内容的学习是迈向"侍酒师"岗位的第一步。

　　餐厅是酒水销售的重要场所，大多数酒水消费都是在餐厅的场景下实现的。根据酒水市场发展较成熟的国家现状来看，餐饮市场，尤其是社会餐饮市场，是高端酒水和精品葡萄酒消费的主要渠道。同时，酒水作为高利润产品，能够给餐厅带来更加丰厚的利润。因此，在国外的餐厅里，通常会设有"侍酒师"这个岗位，专门负责酒水的挑选、采购、日常管理、餐厅销售和现场服务。

1.1　侍酒服务与管理岗位设置

任务 01 | 素养能力

了解中西方侍酒服务文化和发展历史

建议学习方法
阅读，网络查询　**2**

1.1.1　"侍酒师"文化

1. 中国侍酒文化的沿袭

　　中国的酒桌文化源远流长。在古代，酒是祭祀必备的物品，它来自于粮食，饮酒后心情愉悦、神游太虚的感觉更是让人觉得酒是一种神圣而珍贵的东西。为了让宴会在尽兴之余能够不失礼节，我国自商周时期开始，就出现了专门服务于酒礼的官爵。商周时期的酒官叫作"酒正"，或者"大酋"；到周朝时期，也被称作"酒人""酒令""酒监"；魏晋南北朝时期，负责酒礼的官叫作"酒丞"，或者"良酝署臣"；隋炀帝时期称为"司酝"；唐朝时期称为"酒坊使"；宋朝称为"酒务官""尚酝局典御"；明朝时期称为"御酒房提督"。这些因酒而被封爵的官员，在不同的时期所负责的工作有所不同，但是基本上都涵盖了宴会酒礼、酒的酿造和酒的管理。这应该就是"侍酒师"的原型。

2. 欧洲侍酒文化的起源

　　欧洲的"侍酒师"文化也是从宫廷礼制开始发展起来的。古希腊、古罗马时代也有专职于宴会酒水服务和宫廷酒窖管理的人员。而欧洲现代饮食文化的发展应该归功于法国皇帝路易十四，是他优化并奠定了西餐文化的服务礼仪和用餐流程，并通过强大的影响力将这种颇具仪式感的用餐和饮酒方式传播到欧洲各地。随后，"侍酒师"作为一种职业或者一项职业技能也开始走向欧洲民间的高档餐馆。"侍酒师"的人数也在近百年来随着酒水文化的全球普及而迅速扩大。在世界范围内，因侍酒师掌握着丰富的酒水知识，精通侍酒服务技能和客户沟通技巧，能够为餐厅创造丰厚的利润，其地位也备受推崇。他们通过自身专业的酒水服务技能和管理知识为餐厅带来新的利润增长点，因此被视为餐厅消费升级的希望。

3. 国际融合的侍酒师文化

侍酒师集专业知识和技能于一身，是一个非常有技术含量的工作岗位。全球各地每年都有侍酒师比赛。其中最著名的是由国际侍酒师协会（Association de la Sommellerie Internationale，ASI）每三年评选一次的"全球最佳侍酒师"（World's Best Sommelier）称号（见表 1-1）。此外，一些欧洲国家也有本国的"最佳侍酒师"年度比赛和评选。在法国，备受推崇的"法国最佳手工艺人"（Meilleur ouvrier de France，MOF）职称中，也包含了"侍酒师"的岗位。如果能够获得法国侍酒师中的MOF 称号，那么其地位堪比米其林三星主厨。

表 1-1　1969-2019 年 ASI "全球最佳侍酒师"（World's Best Sommelier）名单

年度	全球最佳侍酒师	国籍
1969	Armand Melkonian	法国
1971	Piero Sattanino	意大利
1978	Giuseppe Vaccarini	意大利
1983	Jean-Luc Pouteau	法国
1986	Jean-Claude Jambon	法国
1989	Serge Dubs	法国
1992	Philippe Faure-Brac	法国
1995	Shinya Tasaki 田崎真也	日本
1998	Markus del Monego	德国
2000	Olivier Poussier	法国
2004	Enrico Bernardo	意大利
2007	Andreas Larsson	瑞典
2010	Gérard Basset	英国
2013	Paolo Basso	意大利
2016	Arvid Rosengren	瑞典
2019	Marc Almert	德国

注：由国际侍酒师协会（ASI）发布。

任务 02｜素养能力

了解侍酒师常见的工作场景

建议学习方法
阅读，网络查询　2

1.1.2　餐厅：侍酒师的主要工作场景

在一家餐厅中，除了销售菜品外，另外一个重要的收入来源就是酒水和饮料。随着人力资源成本和食材成本的升高，菜品的毛利率在逐渐下降，压缩了餐厅的盈利空间。而酒水和饮料的毛利率要比菜品高，能够给餐厅带来更多的利润。

然而在餐厅中，由谁负责酒水和饮料的销售呢？一提到酒水和饮料，也许不少人会想起在一些西餐厅和新派的中餐厅中设置的"水吧"。"水吧"岗位主要负责制作客人需要的饮品。首先，从工作性质上分析，"水吧"工作人员的职责更多的是"制作"而不是对客人进行销售和服务。其次，从产品上分析，"水吧"所涉及的产品主要是需要现场制作的果汁类软饮、咖啡和鸡尾酒等，而不会涉及葡萄酒、白酒等佐餐用酒的服务。实际上，在餐厅中酒水"销售"和"服务"这两个环节的工作大部分是由与客人直接接触的前厅服务人员完成的。

一些餐厅为了提高酒水（特别是葡萄酒、威士忌、白兰地等）的销售量，往往会专门设置一个负责酒水销售和服务的岗位，而专职负责这个岗位的人员被业界称为"侍酒师"（如图 1-1 所示）。"侍酒师"，顾名思义，就是在餐饮服务中负责酒水服务的专职人员。实际上，由于很多国家在餐厅规模、运作方式和销售手段等方面都与我国不同，因此外国人和中国人对"侍酒服务""侍酒师"和"酒水管理"的理解会有所偏差。

在欧洲，由于大部分餐厅规模不大，"侍酒师"的岗位职责包括了前厅侍酒服务和酒水管理两个工作模块。也就是说，欧洲的"侍酒师"，首先是一名专职的负责酒水事业的人士，其次他不仅直接从事前厅的酒水服务，也从事餐厅酒水的管理工作。同时，在欧洲，由于餐厅的酒水消费，特别是葡萄酒的消费已经形成常态，侍酒师除了要在现场为客人提供"侍酒服务"

图 1-1　某餐厅侍酒师在进行侍酒服务

外，还要为餐厅的酒水销售业绩负责，而这个业绩几乎占据了整个餐厅营业额的40%以上。为达到餐厅赢利的目的，侍酒师要主动积极地与客人保持良好的关系，力求让客人在用餐的时候保持消费酒水的习惯，同时还需要兼任管理的工作，工作范围涉及酒水的采购、仓储和营销等多个范畴。

而在中国，特殊的餐饮业态和目前酒水在餐厅销售的现状决定了我们在设置"侍酒师"岗位时与欧洲的情况会有所不同。

目前，中国消费者在餐厅点酒饮用的习惯尚未成为普遍现象。因此，除非某家餐厅酒水销售量非常可观，否则聘请一名专职人员来负责并不稳定的酒水销量，从用人成本的角度考虑，对于餐厅来说并不合理。因此事实上，在中国，除了某些五星级酒店外，能够聘请专职侍酒师的餐厅并不多。大部分的餐厅会将"侍酒服务"设置为岗位技能，并由一名或者数名前厅服务人员兼任酒水"侍酒服务"的各项工作。例如：向客人"推荐"配餐的酒水，一般会由前厅服务人员在点菜的时候一并完成；酒水的"席间服务"，一般也是由服务人员在进行其他席间服务的过程中顺带完成；至于酒水的采购、仓储管理、市场营销等，则往往由餐厅的管理人员负责。

其次，由于中国销售高档酒水的餐厅规模一般较大，很多餐厅的对客服务采取分区域管理的模式进行。在这种模式下，服务人员的工资收入与每个区域所产生的营业额直接挂钩。这就让服务人员必须在具备餐饮服务技能的同时，还要具备酒水的销售和服务技能。也就是说，前厅服务人员要从事"侍酒师"的工作，却并非只负责侍酒服务的"侍酒师"。

在中国的餐厅中，"侍酒师"作为一个独立的工作岗位，其岗位特性并不明显，然而我们并不排斥"侍酒师"的称谓，更不排斥"侍酒师"的文化。我们只是认为，以欧洲标准的"侍酒师"称谓来形容中国餐厅中的"具备侍酒服务技能的前厅服务人员"或者"具备酒水管理能力的餐厅管理人员"都不太准确。对中国的餐厅而言，"侍酒服务"和"酒水管理"既是两个不同的分工，也是一名侍酒师职业发展从低到高的不同阶段。

1.1.3　餐厅以外的侍酒服务应用场景

侍酒服务是餐厅服务中的重要分支，但在其他重要的场合中也会有所涉及，实际上，侍酒服务的应用场景非常丰富。

1. 航空侍酒服务

除餐厅外，航空侍酒服务是我们经常见到的侍酒服务场景。全球大型航空公司一般都会设有首席侍酒顾问——负责为航空公司头等舱和商务舱制订酒单。在飞行过程中，服务人员需要运用侍酒服务技能为乘客服务。航空侍酒服务需要掌握在狭窄的机舱环境下的特殊侍酒服务技能，如开瓶、冰镇、斟倒、餐酒搭配等操作方式都与在地面的服务不尽相同。此外，航空侍酒服务的过程通常要求服务人员更多地与客人进行沟通和交流，因此对服务人员的酒水相关知识的储备量要求更高。

2. 游艇和游轮的侍酒服务

游艇和游轮的侍酒服务与地面餐厅的侍酒服务类似。由于游客逗留的时间较长，且服务的空间较大，因此游艇和游轮的侍酒服务所运用的技能与地面餐厅侍酒服务所运用的技能基本相同。不同的是，在游轮或游艇上，一名服务人员一般要做到一岗多能，除了要掌握侍酒服务技能外，还要掌握餐厅服务、调酒、咖啡冲泡、简餐制作、宴会策划等其他技能。

3. 酒水文化传播和酒水营销活动

此外，侍酒服务还被广泛运用于酒水文化传播和酒水营销活动当中。酒水服务本身是一种具有观赏性和仪式感的技能表现形式。在酒水文化传播课堂中，侍酒服务往往会被作为教授的重要技能。因为酒水的服务不仅是一门职业技能，也是一项重要的生活和社交技能，许多非专业人士在参与酒水文化传播课堂的时候，都希望学习到侍酒服务技能，从而可以将其运用于他们的日常生活和工作场景。酒水品牌的营销需要开展大量的线下体验活动，因此系统、熟练且优雅的侍酒服务，是线下市场活动得以顺利进行的重要保障，是提高与会客人满意度的重要支撑。在线下市场活动当中，会场的布置、现场的服务、流程的衔接、现场互动活动的穿插以及对于酒水文化和品牌故事的讲解等都属于侍酒师工作的范畴。或者换个角度说，对于任何从事酒水市场营销工作的人员来说，侍酒服务就是一项必修的专业技能。

由此可见，侍酒服务的应用场景十分多样化，因此可供选择的岗位也非常多。关于侍酒服务的学习，对于专业人士来说是一项重要专业技能的获取，而对于非专业人士来说，也可以是一项生活能力或者商务应酬能力的拓展，因此非常值得大家学习。

1.1.4　餐厅酒水业务的管理模式

在中国的大部分餐厅中，根据所招聘的人员能力和餐厅管理方式的不同，可采取不同的酒水业务管理模式。主要的模式有"统筹式"和"分工式"两种。

1. "统筹式"的管理模式

在"统筹式"的管理模式下，由一名被称为"首席侍酒师"或者"酒水项目主管"（以下统一简称主管）的专职人员负责整个餐厅与酒水相关工作的运营和管理，也就是采取"酒水项目负责制"。该主管的主要任务是对餐厅的酒水销售业绩负责，因此要为餐厅提供一套整体的酒水运营方案。其中，应包括选品、采购、酒牌设计等上游策划工作；还要包括对餐厅所有前厅人员（有时甚至包括后厨人员）开展关于酒水服务技能、销售技能与酒水知

（图标）任务 03 | 管理能力

了解餐厅酒水业务的管理模式

建议学习方法
阅读，案例　　4

识的培训；最重要的是要为餐厅制定与酒水销售业绩相关的绩效考核机制，激励一线服务人员主动销售，创造业绩。同时，主管还要参与餐厅日常的对客服务，解答一些一线服务人员无法解答的关于酒水的专业问题，处理不时发生的客户投诉和其他突发事件。"统筹式"管理模式有利于餐厅建立起一个统一协调的酒水运营体系，使管理过程责权明晰、分工明确，适合规模较大的餐厅，理论上说，是适合中国高级餐厅使用的酒水管理模式。

2. "分工式"的管理模式

由于目前人才市场上对酒水了解透彻且具有销售技能和管理能力的专业人员较为稀缺，许多餐厅只能采取"分工式"的酒水业务管理模式。即在选品方面，一般由餐厅老板或者店长自行选择，并由餐厅采购部门负责执行；餐厅对于服务人员的侍酒服务和产品知识培训，有时候会依赖供应商提供的培训服务；在销售业绩管理方面，由店长制定销售目标并对达标情况负责；酒水仓储方面则交由公司的仓储部门进行管理。"分工式"管理模式表面上看似责权清晰，然而实际上却存在许多问题：作为店长，由于餐厅事务繁多，一般对于酒水运营管理方面能够投入的时间和精力都非常有限；其次，并不是所有店长都能够掌握丰富、系统的酒水服务和管理知识，因此无法确保培训的质量和最终产生的效果；处理酒水相关的选品、采购和仓储等供应链相关事务需要较高的专业知识水平并对日常管理细节进行实时把控，无论是餐厅老板、店长还是各个职能负责人员都无法做到对每一个环节进行专业细化的管理；最后，酒水的营销体系，包括酒单设计、活动策划、环境打造和维护等具体事务，更需要具备专业的知识、广泛的行业资源以及有规律、成系统的执行方案才能够对酒水销售产生实际效果。此外，由于缺乏专业人士的统筹管理，服务人员的服务质量无法得到日常监督，不利于深入维护客户关系；对于销售业绩的管理也缺乏责任约束。

1.2　侍酒师的职业素养

任务 04 | 素养能力

了解并执行侍酒师仪容、仪表方面的要求，遵守侍酒师行为规范

_____

建议学习方法
记忆、场景模拟　②

无论是在哪种类型的餐厅，侍酒服务人员都应该体现出专业服务人员大方、得体的精神面貌。特别是当一家餐厅的侍酒服务是由前厅服务人员兼任时，那么更要求服务人员具备良好的仪容仪表和职业面貌。因为专业的外表更容易让客人产生信任，从而激发客人消费的动机。

酒水服务与酒水管理人员面貌的要求主要体现在三个方面：专业的服饰着装、仪容仪表和行为规范。

1.2.1　服饰着装

如果一家餐厅设置专职"侍酒师"岗位，或者设置有"首

图 1-2   三种侍酒师的职业装

席侍酒师"岗位,侍酒师的服饰通常与一般的前厅服务人员不同。他们通常穿着正式的西服并佩戴领带,也有穿着专用的马甲围裙一体的侍酒师服(如图 1-2 所示)。对于服装的样式,其实并没有特别的要求。侍酒服务人员的服饰与前厅一般服务人员不同,是为了方便客户在需要咨询的时候可以更容易找到能够答疑的负责人员。一些经过专业世界侍酒大师工会(CMS)认证的葡萄酒服务人员,会在胸前佩戴 CMS 颁发的徽章,彰显自己专业侍酒服务人员的身份。

对于一些没有配备专职侍酒师的餐厅,侍酒服务的工作通常是由餐厅资深的前厅服务人员或者是餐厅的前厅主管来完成的。他们的着装也会根据职级不同而不同。

1.2.2   仪容仪表

仪容仪表包括服务人员外表的诸多细节。这些细节有时候是显而易见却又很容易被本人忽略的,比如发型和双手的卫生等。侍酒师在服务的过程中,需要展示干练、专业的职业形象,因此发型需要避免过于飘逸的风格。男生以短发为主,女生如果是长发则需要把头发扎起来。

侍酒服务是一个与客人面对面服务的过程。在服务过程中,服务人员的双手会与酒瓶接触,并且会暴露在客人关注的视野之下,因此服务人员要非常注意双手和指甲的清洁,并且不能留长指甲。根据表 1-2,我们可以对侍酒服务人员(男士和女士)的仪容仪表进行检查或自查。

表 1-2　侍酒服务人员仪容仪表检查 / 自查表

步骤	序号	检查点	评估
仪容	1	头发：要求头发后不及领、侧不盖耳	
	2	面部：保持面部清洁，确保无汗滴、无面油	
	3	口气：保持口气清新	
	4	（女士）妆容：淡妆	
		（男士）胡须：面部不留胡须及长鬓角	
	5	手和指甲：保持手和指甲干净，指甲修剪整齐，不宜过长，不涂有色指甲油	
着装	6	上衣：穿着餐厅规定的制服，整齐干净，无破损、无丢扣	
	7	裤子：通常为黑色直筒西裤，整齐干净，无破损	
	8	围裙：整齐干净，无破损；围裙系在肚脐高度；绑带系于身后，系蝴蝶结，绑带不可过长	
	9	鞋子：黑色皮鞋	
工具	10	开瓶器	
	11	笔	
	12	记事本	
	13	工牌	
仪表	14	举止大方（抬头挺胸，不走小碎步，与客人沟通时不能有太多小动作，不要做太多挤眉弄眼的表情）	
	15	面带微笑	
	16	言语：语气平和，不喧哗（客人需要服务时，远距离时举手示意让客人看到您已经收到指令，正在过来应答；近距离时微笑示意，直接上前开口询问）	

1.2.3　侍酒师的行为规范

侍酒服务专职人员或者参与侍酒服务的人员都应该注意自己与客人互动时的行为举止。以下是我们通过对现场服务人员的观察，总结出来的需要注意的规范细节：

（1）待客无微不至，有礼有节，不卑不亢。

（2）即使客人言谈举止表现得非常亲密，也不能够不分场合、不分尊卑、毫无顾忌地与客人进行交谈或做出"攀肩搭背""搔首弄姿""眉来眼去"等不恰当的行为举止。

（3）禁止与客人倾诉和表露个人私生活上的烦恼。

（4）避免与客人谈论涉及政治立场和宗教信仰方面的话题。

（5）不要让客人觉得我们在服务的过程中留意客人谈话的内容。

（6）不与客人谈论个人收入的问题。

（7）当看见或听见滑稽和引人发笑的事情时，在客人面前要保持稳重，不可因大笑而失态。

（8）时刻关注自身服务范围内的每一张桌子，不要让任何一张桌子的客人觉得我们在服务的过程中厚此薄彼。

（9）禁止用口布擦脸，也不要搭在脖子上或者夹在腋下。

（10）在使用任何器具之前，都必须检查其卫生状况。

（11）只有在客户对酒水提出问题的时候，我们才利用我们所学习和积累的专业知识进行解答，禁止在客人面前卖弄自己所掌握的酒水相关知识。

（12）禁止与客户针对酒水口感、风格等主观问题进行无休止的争论。

1.3　侍酒师的职业发展和薪酬构成

任务 05 | 管理能力

了解侍酒服务岗位的职业发展路径和薪酬构成，懂得制定餐厅侍酒师的薪酬体系

建议学习方法

阅读，案例

5

1.3.1　侍酒师的职业发展路径

有志于在餐厅从事侍酒服务与管理工作的年轻人，应该遵循循序渐进的职业发展路径，通过不断积累自身的技能、提升服务意识、增加产品认知、丰富管理实践来最终实现自身价值的提升。成为餐厅或餐饮集团的"首席侍酒师"或"酒水项目主管"是侍酒师职业生涯发展的主要目标。侍酒师的职业发展路径一般如图 1-3 所示。

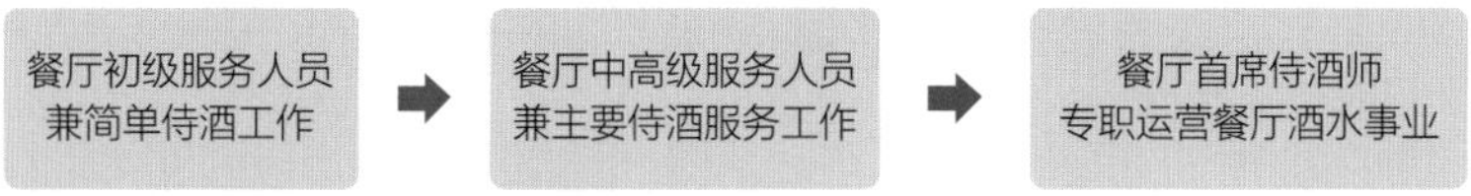

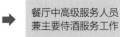

| 餐厅初级服务人员 兼简单侍酒工作 | ➡ | 餐厅中高级服务人员 兼主要侍酒服务工作 | ➡ | 餐厅首席侍酒师 专职运营餐厅酒水事业 |

图 1-3　侍酒师的职业发展路径

1.3.2　侍酒师的薪酬构成

在高端餐饮企业（米其林星级餐厅或黑珍珠餐厅），酒水的销售量较大，如果采取"统筹式"酒水管理模式，那么其中"首席侍酒师"的薪酬构成方式是：

总薪酬 = 固定工资 + 酒水销售项目利润分成

如果在"首席侍酒师"的运营和管理下，餐厅的酒水业务处于盈利状态，那么他将会获得不菲的报酬。

这种类型的餐厅，除了有"首席侍酒师"外，餐厅酒水的销售需要依赖全体前厅服务人员的积极推动。只有建立公平、公开且执行到位的酒水销售奖励机制，才能调动团队成员在酒水销售方面的积极性。餐厅酒水销售的奖励机制是与销售数量挂钩的现金奖励。一般来说，服务人员销售得越多，得到的现金奖励就越丰厚。

根据酒水零售价格的高低，酒水销售人员所得到的报酬也会有所不同。餐厅会在销售额或者利润中抽取相应的百分比奖励给服务人员。在国外，许多服务人员通过销售酒水得到的报酬要远远高于其基本工资，因此他们会积极学习葡萄酒与烈酒的相关知识和服务技能，通过酒水销售赚取额外的收入。

站在餐厅管理的角度，人员销售的奖励机制不仅要简单易懂，更要执行到位。对于销售特别出色的服务人员，餐厅还可以设置特别奖励，让销售形成一种良性的内部竞争，从而提升餐厅的酒水销售量。激励餐厅人员酒水销售的奖励方法有很多，常见的方式有个人提成模式和团队提成模式。餐厅一方面为了激发个人销售的积极性，另一方面为了发挥团队协作的凝聚力，一般会将两种模式结合在一起执行。一些餐厅为了加大激励的力度，还会采用阶梯式递增的提成方式。

个人提成模式就是按照每个人销售的业绩进行提成奖励。不同价格的酒水，有相对应的提成金额或者提成比例。只要服务人员完成销售，就能够获得相应的现金报酬。

然而酒水的销售只是整个服务过程的起点，而不是终点。在成功完成点单后，还有一系列的酒水服务过程。这一过程则必须依赖服务团队中其他成员的通力协作。因此在销售提成体系中，应该有一部分金额用于奖励团队成员，以提升整个团队的服务积极性。

要确保整个激励体系的实施，餐厅首先要对每一款酒水和饮料都要制订明确的提成方案。即每一款酒提成多少百分比或多少金额。如果餐厅采取个人提成和团队提成相结合的方式，那么还要规定个人提成和团队提成的占比。例如餐厅可以规定，在提成总金额中个人占比是 80%，团队占比为 20%。最后，餐厅还要规定团队占比中的团队成员包括哪些岗位人员。通常这些人员包括传菜人员、服务员、水吧服务人员、咨客等工作岗位。在分配提成时，个人占比部分直接支付给个人，团队占比部分由团队成员平均分配。

在每天营业结束后，餐厅首席侍酒师或酒水管理人员要调取当日的酒水饮料销售记录，制作成"酒水饮料销售日报表"，并由餐厅首席侍酒师与销售人员共同签字确认。在签字确认后即可进入提成发放流程。

有些餐厅会在月底结算工资的时候结算酒水销售的提成，而有些餐厅则采取当天结算。从激励员工积极性的角度考虑，按日发放销售提成的方式对于员工酒水销售的主动性有非常大的激励作用。因为整个团队每天都能够感受到当天努力的成果，这是一种连续性的激励模式，可以让团队成员时刻保持积极亢奋的状态。

某些餐厅会对酒水饮料销售设定当日目标销售额。一旦销售业绩超过这个目标，那么酒水饮料的销售提成将会呈阶梯式提升。例如餐厅可以将当日的酒水饮料销售目标设定在 1 万元。在 1 万元营业额范围内，酒水的销售提成为 5%，饮料的销售提成为 3%。一旦销售额超过 1 万元，那么超出营业额目标的部分所产生的销售提成百分比可以设定为：酒水销售提成为 10%，饮料销售提成为 6%。这种"阶梯式"提成方案，既能够确保餐厅酒水饮料销售总体目标的实现，又能够极大地提高服务团队销售酒水饮料的积极性，对于餐厅来说是一个提升业绩的法宝。

餐厅酒水管理体系中前期的一切准备，都是为了餐厅能够实现销售。因此酒水销售的激励措施是推动整个体系进入良性运转的催化剂，是真正把个人能力、个人积极性、团队合作、个人收益以及客户满意度等多项指标融合在一起的内生动力和核心管理工具。

技能考核

1. 能够按照要求整理自身的仪容仪表。
2. 能够按照要求整理和穿着专业侍酒师制服。
3. 说出餐厅酒水服务与管理人员的行为规范。
4. 说出三个全球最佳侍酒师的名字和他们所在的国家。

思考与实践

1. 以"侍酒师"为关键词上网搜索相关的图片和视频，讨论一下他们的形象特点与其所在的工作场景。
2. 在侍酒服务的过程中，如果客人主动与你谈论敏感的私人情感方面的话题，你应该如何应对？
3. 侍酒服务的过程中，如果客人之间在闲聊时谈及酒水相关的问题并且阐述了一个你认为是明显错误的看法，你应该怎么做？

单元 2

侍酒服务的工具及其维护

Unit TWO

内容提要

本单元的学习内容主要包括对酒杯、开瓶器、醒酒器、分酒器、酒壶等工具和恒温酒柜、分杯机、擦杯机等设备的讲解。作为侍酒师，我们不仅要学会使用工具和设备，还要懂得对它们进行维护和管理，这些基本技能也是本单元要学习的内容。

工欲善其事，必先利其器。然而对于目前的大部分餐厅来说，这些在侍酒服务中不可或缺的器皿和工具反而是酒水服务过程中的短板。许多餐厅没有配备专业的葡萄酒杯，有些餐厅在客人点酒后，服务人员要跑遍整个餐厅去寻找一把开瓶器。这种不专业的侍酒服务行为会大大降低客人消费酒水的兴致。

酒水服务涉及诸多器皿和工具。其中最常使用到的包括酒杯、醒酒器、开瓶器、冰桶和口布等。除了上述器皿和工具外，一些与侍酒服务相关的大型设备在服务的过程中也发挥着重要的作用，如恒温酒柜、分杯机和擦杯机等。作为专业的侍酒服务人员，我们既要懂得如何选择和使用不同类型的器皿、侍酒工具和专业设备，更要知道如何对其进行保养和维护。

2.1 酒杯

任务 06 | 知识能力

辨认常见的酒杯材质和款式，并说出不同款式酒杯的设计用意和具体用途

建议学习方法
记忆，实操　2

酒杯的品质与酒的品质几乎同等重要。一般情况下，普通的玻璃杯或许就能满足日常的需要；然而如果客人选择的是一瓶有复杂香气和风土特色的好酒，那么酒杯品质的高低，甚至酒杯的器型，都可以决定这款酒在饮用时所表现出来的香气和口感。

2.1.1 酒杯的材质

在侍酒服务过程中，与饮酒相关的器皿主要包括酒杯、分酒器和醒酒器。这些器皿都有普通玻璃和水晶玻璃两种不同材质的区别。一般来说，普通玻璃杯的成本较低，但是自重较重，杯壁较厚，且硬度较低；而水晶玻璃材质的器皿则成本较高，但自重较轻，杯壁较薄，硬度却较高。

一般认为，水晶玻璃材质的器皿会给饮酒人士带来更加愉悦的体验。这首先是因为水晶玻璃杯手感更光滑细腻，能让人更加直观地感受到酒的温度；其次是因为水晶玻璃杯含有铅的成分，因此折光性能良好，当举起酒杯的时候，晶莹剔透的杯身给人一种赏心悦目的视觉享受；最后是因为水晶玻璃杯在碰杯的时候，通常会发出一种清脆悦耳的声响，同样也能够使人产生愉悦的感觉。

除了普通玻璃杯和水晶玻璃杯之外，市场上还有钢化玻璃材质的葡萄酒杯，这种酒杯材质经过特殊生产工艺的处理，材

质具有极强的韧性，即使受到猛烈的碰撞也不会破损，因此也比较适合在餐厅使用。

虽然欧洲具有悠久的生产普通玻璃和水晶玻璃酒具酒器的历史，但是近年来，我国的酒具酒器制作工艺也得到了迅猛的发展。国产的高档水晶酒杯、醒酒器等器皿的质量也得到了行业的广泛认可，比较著名的品牌有石岛、1954、凯洛诗等。

对于一般饮用场合或大型宴会，可以选择成本较低的普通玻璃酒杯，即使不小心打破也不会耗费太大的成本。而对于一些客单价高、酒水选品非常讲究的餐厅，或者是某些高档餐厅的 VIP 包房，则可以选择一些知名的水晶玻璃酒杯品牌。

2.1.2　常见的酒杯类型

根据不同酒水的类型可以选择与之对应的不同形状的酒杯。在餐厅中，常用的杯子是红葡萄酒杯、白葡萄酒杯、香槟杯和中国白酒杯。在我国的餐厅中，红葡萄酒的销量较大，而白葡萄酒和起泡酒的销量相对较小，因此在酒杯数量上，红葡萄酒杯的数量可以准备得多一些，而白葡萄酒杯和起泡酒杯的数量则可以相对少一些。然而对于高档的餐厅来说，所提供的酒水品类选择较多，而且不同的酒需要用不同的杯子，因此需要配备的杯子种类也会较多。以下我们罗列了一些在侍酒服务中常见的杯型（如图 2-1 所示），供大家参考学习。

1. 波尔多杯

波尔多杯是餐厅中最常用的杯型，同时也被认为是一种多功能杯型。这种形状的酒杯开口大，杯肚容量也大，适合用来饮用香气浓烈、口感浑厚的葡萄酒。在没有条件购买其他类型酒杯的情况下，波尔多型酒杯可以说是一家餐厅必备的酒杯器型。

2. 勃艮第杯

勃艮第杯顾名思义是用来饮用勃艮第红葡萄酒的杯型。由于勃艮第的红葡萄酒是由黑皮诺这种葡萄品种来酿造的，因此勃艮第杯也可以被用于饮用世界其他产区的黑皮诺酿造的葡萄酒。勃艮第杯为收口兼大肚型杯，这种杯型设计有利于将香气保留在杯中，减缓其挥发的速度，因此适合用于饮用香气清雅、口感轻盈的葡萄酒。如果餐厅中的选酒有来自勃艮第或者世界其他产区的黑皮诺酿造的葡萄酒，那么建议餐厅也要配备勃艮第杯。

3. 霞多丽杯

霞多丽杯适用于绝大多数的白葡萄酒和桃红葡萄酒。这种杯的杯型其实就是缩小版的波尔多杯。白葡萄酒杯的容量之所以要比红葡萄酒杯小，是因为白葡萄酒一般适合降温后饮用。如果杯子过大，那么在客人还没有喝完杯中酒的时候酒液的温度已经升高了，其香气也随着温度的升高而挥发殆尽，也就无法让客人品尝到白葡萄酒的最佳状态。白葡萄酒非常适合佐餐，因此在美食餐厅的酒单中，白葡萄是必不可少的，所以也建议餐厅配备一定数量的霞多丽杯。

波尔多杯   勃艮第杯   霞多丽杯   O 形杯

笛形香槟杯   碗形香槟杯   甜酒杯   阿尔萨斯杯

ISO 标准品酒杯   白兰地杯   格兰凯恩杯   古典杯

子弹杯   白酒杯   蛇目杯

图 2-1
侍酒服务中常见的杯型图谱

拓展知识丨RIEDEL 的功能性酒杯

　　RIEDEL 是现代简约葡萄酒杯型的创造者，同时也是目前全球领先的专业酒杯的制造商和品牌。RIEDEL 在 20 世纪 70 年代一改传统的雕花酒杯设计，采用光滑简约的杯型，开创了现代葡萄酒杯型设计的先河。

　　RIEDEL 家族的第九代传人 Claus J. Riedel 先生是世界上第一位认为不同的杯型会对葡萄酒的香气、口感产生影响的设计师。他的理念最终得到了实践的证明。经过葡萄酒专家无数次的实验证明，相同的一款酒，在不同形状、不同造型的酒杯里确实会呈现出不同的香气和味道。

　　这是因为酒杯的形状能够起到调节葡萄酒饮用者在饮用葡萄酒时头部仰角的作用，而我们在饮酒时抬头的角度则决定了酒液在进入口腔时的落点。根据这个现象，RIEDEL 致力于寻找不同的葡萄品种特性与口腔最佳触点的关系，并通过调节酒杯的形状来促成口腔中葡萄酒与味蕾的最佳碰撞，从而达到极致的味觉享受。

　　经过多年的实验和总结，RIEDEL 目前已经开发出了与众多葡萄品种相匹配的杯型，如"赤霞珠杯""梅洛杯""西拉杯""霞多丽杯""经过橡木桶陈年的霞多丽杯""黑皮诺杯"等不同的杯型。这就是 RIEDEL 品牌"功能性"酒杯的由来。

4. O 形杯

　　O 形杯是一种更加新潮、时尚的葡萄酒杯型。这种杯型去掉了高脚杯的杯脚，只保留不同类型葡萄酒杯的杯身形状。O 形杯由于去除了杯杆，因此在饮用时需要手握杯身。这种杯型的好处在于减少了在宴会当中撞倒酒杯的风险，因此比较适合气氛活跃的年轻人聚会场合；另外一个优点在于它减少了高脚杯带来的距离感，让宴会变得更加随意、亲切，让人产生一种在"无拘无束"的氛围下饮酒的感觉。

5. 香槟杯

　　香槟杯有两种器型，一种是细长型的笛形香槟杯，一种是扁平状的碗形香槟杯。香槟杯是用于饮用起泡酒的杯型。

　　笛形香槟杯的杯型瘦长，细长的酒杯能使细腻的汽泡缓慢升腾，让人观察气泡从杯底升腾的优雅状态，带给人一种灵动的视觉享受。大部分香槟杯杯口略微收窄，这样能很好地将酒中的气味聚集在杯中，方便客人感受酒液的香气。同时还可以将杯子贴在耳边，聆听汽泡崩裂的声响，感受起泡酒独特的动感魅力。

　　至于碗形香槟杯，则多在特殊场合（喜庆或宴会）时用来堆叠香槟塔，但不适合在一般饮用香槟时选择。

6. 甜酒杯

　　甜酒杯的杯型比白葡萄酒杯还要小，且杯口向外敞开，像一朵含苞待放的玫瑰。这种酒杯用于饮用甜度较高的葡萄酒，如波尔多苏玳（Sauternes）出产的贵腐葡萄酒、匈牙利托卡伊（Tokaj）葡萄酒，或者酒精加强型葡萄酒，如葡萄牙的波特酒（Port）、西班牙的雪莉酒（Sherry）和法国的天然甜酒（Vin Doux Naturel）等。

7. 阿尔萨斯杯

阿尔萨斯杯是阿尔萨斯地区特有的杯型。这种酒杯的杯杆是碧绿色的，杯身呈碗状。由于阿尔萨斯地区的葡萄酒以白葡萄酒为主，当淡黄色的酒液注入杯身后，与杯杆的颜色相搭配，给人一种美妙的视觉享受。其次，由于阿尔萨斯地区的葡萄酒口感酸中带甜，甚至还有含糖量较高的晚收葡萄酒和逐粒精选葡萄酒，碗状的杯型能够让品鉴者更容易感受到阿尔萨斯葡萄酒甜美的风格。

8. ISO 标准品酒杯

ISO 标准品酒杯由法国人于 1974 年设计。这款杯子主要用于葡萄酒评比的品鉴过程之中，因为这款杯子的杯型不会放大任何类型葡萄酒的优点或者缺点，而是非常中立且直接地呈现葡萄酒的原有风味。ISO 杯的这个特性也让它得到全世界绝大多数葡萄酒专业学习机构的认可并将其运用到葡萄酒的品鉴当中。ISO 杯容量为 215 毫升，杯型小巧。在欧洲，有一些餐厅也会选用 ISO 杯作为葡萄酒饮用的器皿。这其实是一种很聪明的做法，因为这样可以用一种杯型饮用多种不同风格的葡萄酒，并且将葡萄酒的风格毫无保留地呈现出来。

9. 白兰地杯

白兰地杯是一种矮脚大肚形的器具。这种矮脚设计是为了让客人在饮用的时候，可以将杯身捧在手心之中，继而用手心的温度加热酒水，加快酒精的挥发并带出美妙的香气。

10. 格兰凯恩杯

格兰凯恩杯是专门为威士忌品鉴而设计的器具。格兰凯恩杯的杯口较小，杯肚较大，可以很好地锁住威士忌的香气，让品鉴者能够持久地感受酒液的香气。格兰凯恩杯是一款"净饮杯"，也就是说在使用这个杯型饮用威士忌的时候不应该加冰和其他混合物。

11. 古典杯

古典杯也是一种用于饮用威士忌的杯型。古典杯杯口大，可以加入冰球或者冰块。在美国和日本，人们经常将用于饮用威士忌的古典杯当作"冰饮杯"。

12. 子弹杯

子弹杯是用于饮用伏特加、朗姆酒、龙舌兰酒等烈酒饮品的杯型。子弹杯也叫作 Shot 杯。"Shot"是一个容量的概念，约等于 1 盎司，即大约 30 毫升的容量。

13. 白酒杯

饮用中国白酒的酒杯可以由多种材质制成。常见的有玻璃和陶瓷两种材质。形状与高脚杯相似。饮用中国白酒讲究"小酌一口"，因此杯子设计的容量一般在 10~15 毫升，即 1~2 钱之间。

14. 蛇目杯

蛇目杯是用于品鉴日本清酒的专用杯。其特点是在杯底处有两道蓝色的圆圈，与蛇的眼睛相似，因此而得名。在用蛇目杯品鉴清酒时，我们可以透过酒液观察白 / 蓝分界的清晰度来辨别清酒的清澈程度，观察白色圆圈的部分可以判断酒液的颜色。通过这些我们可以判断清酒是否有熟成（例如古酒颜色更偏黄色）和劣化等迹象。

任务 07 | 技术能力

掌握机洗和手洗酒杯的清洗方式，掌握酒杯的收纳方式

———————
建议学习方法
记忆、实操　**2**

2.1.3　酒杯的清洗方式

在餐厅中清洗酒杯，一般可以分为手洗和机洗两种方式。一般比较贵重的酒杯用手洗，而一些材质普通、价格便宜且用量较大的杯子可以用机洗。

1. 手洗

手洗玻璃杯要注意轻拿轻放，同时还要具备一个比较大的空间用于放置收纳回来的酒杯和杯筐。

A

手洗葡萄酒杯的工作流程

【准备工具】
葡萄酒杯、洗洁精、杯刷、口布、干抹布

◀ 扫描二维码，获取学习视频

操作风险提示

在手洗酒杯的时候，有因酒杯破碎而割伤手的风险。因此在手洗酒杯的时候，应该动作缓慢轻柔，不可操之过急。

2. 机洗

在五星级酒店和规模较大的餐厅中，每天酒杯的使用量较大，如果都是人工清洗，则需要耗费较长的工作时间和较大的人力成本。因此这些大型的餐饮机构会使用商用洗杯机进行酒杯清洗。商用洗杯机有多种不同的选择，如图 2-2 所示。洗杯机一般利用热水和蒸汽洗涤酒杯，因此具有清洁和消毒的双重效果。

图 2-2　不同类型的洗杯机

用洗杯机清洗葡萄酒杯的工作流程

准备工具

葡萄酒杯、杯筐、洗杯机、洗洁精、干抹布

◀ 扫描二维码，获取学习视频

利用洗杯机清洗杯具虽然快捷便利，然而也会存在一些操作盲区。例如，洗杯机清洗完毕后经常会在酒杯内侧留下水渍，这些水渍需要在清洗完毕后用口布进行重新擦拭；有一些在饮酒过程中留下的较顽固的污渍，如口红印等，洗杯机一般无法清洗干净。这些杯子需要在放进洗杯机之前利用肉眼检查出来，并采取手工的方式进行清洗。

操作风险提示

在机洗酒杯的时候，存在被热水灼伤的风险。因此在洗涤完毕后，应等待一段时间后再开启机箱和触碰酒杯。

用洗杯机清洗酒杯方便快捷，有一些洗杯机还具备烘干功能。然而我们要知道，葡萄酒杯在经过机器洗涤后，即便是机器对其进行了烘干，也要再经过一道人工擦拭的环节。没有被烘干的杯子，要将杯身的水迹擦干；而经过烘干的杯子，往往会在杯壁上留下一些水渍或洗涤用品留下的污渍，因此需要重新擦拭干净。

清洗后擦拭葡萄酒杯的工作流程

准备工具

葡萄酒杯、小冰桶、热水、干抹布

◀ 扫描二维码，获取学习视频

2.1.4　酒杯的保存和管理

葡萄酒的器皿需要重复使用，并且在使用前，一般很少再做一次清洗。因此在清洗完成后，应该将器皿储存在一个卫生的隔离环境中。在回收葡萄酒杯的时候要尽可能地使用与酒杯高度相匹配的杯筐。

无论是手洗还是机洗，杯筐都是一个很好的分类收纳和周转酒杯的工具。一些在吧台常用的葡萄酒高脚杯，可以用倒挂的方式摆放，如图 2-3 所示。

如果器皿在使用过程中破损，应该通知餐厅采购部门及时购买填补空缺，以防止在客户需要饮酒时出现无法为其提供酒杯的尴尬情况。

图 2-3　吧台倒挂摆放的高脚杯

2.2　开瓶器

葡萄酒开瓶器的主要功能是用来打开软木塞封瓶的葡萄酒。其基本构造由把手及螺旋钻组成。现在市场上可见的开瓶器造型颇多，如 T 字形、蝶形、两用式、剪刀式、齿轮把手式、双重螺旋式、酒侍刀及抽气型等。在餐厅服务过程中，一般建议使用"海马刀开瓶器"作为开瓶工具。这种开瓶器在使用的时候能够体现服务人员的专业水平，让整个开瓶流程赏心悦目，成为葡萄酒服务的一项附加价值。另外，一些售卖老年份酒的餐厅，要配备 Ah-So 开瓶器，这种开瓶器的原理是用具有弹性的钢片将酒塞夹出酒瓶，能够避免"海马刀"在旋入酒塞时将酒塞弄碎的风险。

2.2.1　海马刀开瓶器

海马刀可以说是每位侍酒师都必须随身配备的工具。一把小小的工具，巧妙地融合了三个主要的功能：一把带锯齿的小刀，能够轻松地将酒帽割开；一个尖头的、螺丝状的螺旋钻，能够通过旋转的方式插入酒塞之中；一个带有卡位的杠杆式装置，能够作为支点，利用杠杆原理将酒塞提拉出来，如图 2-4 所示。

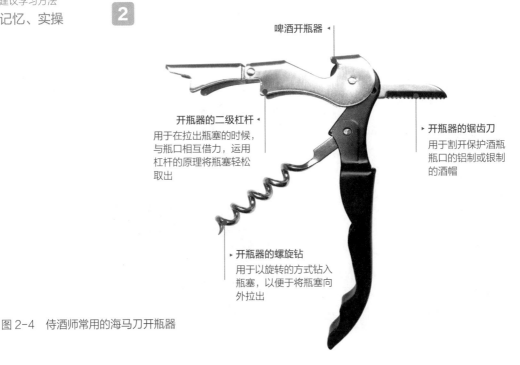

啤酒开瓶器

开瓶器的二级杠杆
用于在拉出瓶塞的时候，与瓶口相互借力，运用杠杆的原理将瓶塞轻松取出

开瓶器的锯齿刀
用于割开保护酒瓶瓶口的铝制或银制的酒帽

开瓶器的螺旋钻
用于以旋转的方式钻入瓶塞，以便于将瓶塞向外拉出

图 2-4　侍酒师常用的海马刀开瓶器

图 2-5　用于老酒开瓶的 Ah-So 开瓶器

很多餐厅的开瓶器都是来自酒商廉价的赠品，质量差，开瓶效果不好。建议餐厅关注员工使用的开瓶器的质量，确保开瓶环节的顺利完成。海马刀开瓶器是餐厅中经常会丢失的工具，因此需要一套行之有效的管理办法，具体管理流程可参考本单元后表 2-1 的内容。

2.2.2　Ah-So 开瓶器

Ah-So 开瓶器被称为"老酒开瓶器"，是一种用"钳"的原理来将软木塞取出的开瓶器。Ah-So 开瓶器由两片具有较好弹性的金属薄片构成，如图 2-5 所示。原理是将金属片于酒塞的两侧插入瓶口，通过旋转使处于黏合状态的酒塞与瓶口分离，然后将酒塞夹出瓶口。Ah-So 开瓶器是用来开启老年份葡萄酒的开瓶器。老年份葡萄酒的酒塞由于长期受到酒液浸泡，状态已经变得松软甚至局部糜烂。此时如果用海马刀来开瓶，很有可能会将酒塞弄碎，或者在提拉的时候酒塞断裂，半截酒塞被留在瓶口处。因此，这种情况下用 Ah-So 开瓶器来开瓶可以减少损毁酒塞的风险。

2.2.3　电动开瓶器

除了手动的开瓶器外，市场上也有一些电动的开瓶器。电动开瓶器的原理与海马刀的原理类似，都是通过螺旋状的转轴刺入酒塞中，再通过提拉的作用将软木塞提拉出来。电动开瓶器虽然使用起来比较方便，但是并非适合所有的葡萄酒，尤其是一些有一定年份的、酒塞相对比较脆弱的酒。同时，电动开瓶器的开瓶过程相对简单，缺少了与客人互动和展示的过程，降低了侍酒服务的观赏性和仪式感。

此外，开气泡酒基本上不需使用开瓶器，只要用手和些许技巧即可。但要注意的是，气泡酒瓶内因承受高压，开瓶时勿将瓶口对着任何人及易碎物，或是摆动酒瓶，以免瓶塞喷出伤人。

2.2.4　SABER 香槟刀

图 2-6　SABER 香槟刀

香槟刀是用于开启香槟瓶的一种工具，如图 2-6 所示。香槟刀本身是军刀的模样。一般左手持香槟瓶，右手持刀，将香槟瓶放置水平状态，瓶口朝向没有人的地方，用香槟刀向外对香槟瓶的瓶口做"削"的动作。香槟瓶口在与香槟刀撞击的瞬间脱落。

拓展知识 | 香槟刀和拿破仑的典故

用香槟刀开启香槟，与其说是一种"方法"，不如说是一种"仪式"。这种仪式来自于家喻户晓的拿破仑。拿破仑·波拿巴在法国大革命爆发大约十年后夺取了法国政权。当时拿破仑的军队在欧洲所向披靡，百战百胜。当胜利的士兵骑马回家时，人们通常会向他们递上香槟以示庆祝，因为拿破仑曾多次在公开场合宣称，无论是在胜利的喜悦中，还是在失败的创伤中，都必须带上香槟。

由于他们当时骑在马背上，要用正常的方法打开香槟，是一件比较麻烦的事情。于是，其中一名士兵灵机一动，用自己的军刀成功击碎了手中一瓶香槟的瓶口，瓶中的香槟喷涌而出，伴随着人们的欢呼，其他士兵们也纷纷开始效仿这一潇洒的做法。

此后，拿破仑的士兵把"刀劈香槟"的做法当作他们胜利的标志。无论骑马与否，他们通常都会用"刀削"的方式开启香槟。这种特殊的方式后来逐渐演变成侍酒的一种文化，它不仅给表演者带来了某种快感，也为现场增添了喜悦的氛围。

开瓶器可以说是侍酒师文化的缩影。专业侍酒师把开瓶器看作是自己职业生涯的伴侣。在西班牙里奥哈的魏凡高葡萄酒文化博物馆（Vivanco Museum of Wine Culture）里，珍藏着数千把不同年代和不同风格的开瓶器。这些开瓶器也见证了侍酒师这个职业的发展历史。

法国著名的开瓶器品牌"拉吉奥乐城堡"（Château Laguiole）每隔三年都会为获得"全球最佳侍酒师"殊荣的侍酒师定制一把具有侍酒师风格的开瓶器。比如为1989年"全球最佳侍酒师"Serge Dubs 设计的定制款开瓶器，就将 Serge Dubs 家乡阿尔萨斯的吉祥鸟白鹳作为元素融入设计当中。

2.3　醒酒器、分酒器和酒壶

👁 任务 10 | 知识能力

了解醒酒器的作用和设计原理

建议学习方法
观察、记忆

2

2.3.1　醒酒器

醒酒器主要用于葡萄酒的醒酒和滗酒。醒酒的目的是促进酒液与空气接触，使葡萄酒的单宁柔化或者将酒精与不愉悦的气味散发到空气中。而滗酒的作用则是把酒液中的残渣隔离，防止残渣被倒入客人的杯中。除了实用性能外，使用醒酒器进行服务还能够增加侍酒服务的仪式感，为葡萄酒增添额外的附加价值。

1. 醒酒器的不同器型

为享受到葡萄酒的最佳香气和味道，我们要让葡萄酒与空气的接触面积达到最大，使不愉悦的气味随着酒精的挥发而散去；同时又不能让葡萄酒本身的香气过度散发，或是减少挥发。因此大部分醒酒器的设计都是入口小而长，器身却宽而扁。

最常见的醒酒器形状是经典的水滴形状。这种醒酒器上部窄，底部宽。将一瓶 750 毫升的葡萄酒倒入瓶中后，葡萄酒的水位正好达到底部最宽阔的位置，确保其最大限度地与空气接触，达到醒酒的效果。

随着人们审美需求的不断提高，醒酒器的造型也层出不穷，如图 2-7 所示，有蛇形的、天鹅形的，甚至一些更加奇特的形状，如心血管形的，等等。醒酒器是侍酒服务过程中的重要工具。在服务过程中，客人会关注侍酒师醒酒的操作动作，因此一款造型特别的醒酒器不仅可以为侍酒服务的过程增添艺术表现力，还能够给客人带来惊喜。

市场上也存在一些"快速醒酒器"。其原理是通过将酒液倒入"快速醒酒器"的网状过滤层，达到撞击酒液并使其与空气进行接触的效果。这种类型的醒酒器不建议在餐厅中使用，因为其醒酒过程比较简单、粗暴，不但没有起到展示侍酒师专业风采的作用，而且当酒液经过网状过滤层的时候，葡萄酒中散发香气的物质也有可能被过滤掉，使其香气和口感大打折扣。

图 2-7　常见的醒酒器器型

任务 11｜技术能力

掌握醒酒器的回收方式、清洗方式和收纳管理方式

———
建议学习方法
记忆、实操 ②

2. 醒酒器的清洗方式

醒酒器的形状比较特殊，一般用刷子很难清洗，因此清洗醒酒器需要用到特殊的工具。RIEDEL 设计了很多形状各异的醒酒器，但是复杂的形状往往很难清洗干净，有时候即使使用很长的瓶刷，也无法触达一些拐弯抹角的部位。为解决清洗醒酒器的难题，2001 年，RIEDEL 发布了专门用于清洗醒酒器的"清洁钢珠"。这种颗粒状的钢珠几乎可以到达器皿需要清洁的任何部位。钢珠的大小经过反复考究，确保不会伤害玻璃和水晶器皿，钢珠转动所到之处，各种残留污渍都能通过钢珠的滚动摩擦而被带走。

用钢珠清洗醒酒器的工作流程

准备工具

洗洁精、专用清洁钢珠、瓶刷、醒酒器沥水架

◀扫描二维码，获取学习视频

使用清洁钢珠进行清洗，切记清洗完后不能将钢珠遗留在瓶中。清洁钢珠在使用完后可以将其晾干，以备下次使用。

在清洗醒酒器的时候，如果没有钢珠，可以用小型颗粒状物品代替，比如米粒、粗盐等；同时还可以用白醋、苏打水、柠檬汁等代替洗洁精。

3. 醒酒器的收纳方式

由于在下次使用前一般不会再重新清洗，因此醒酒器在清洗过后应该妥善保管在卫生、干燥的空间。在放入储藏间时，应该用塑料薄膜将醒酒器的瓶口处做封闭处理，防止灰尘掉入醒酒器中。如果餐厅依旧保存醒酒器原来的包装盒，那么建议将醒酒器放置入包装盒中进行保管，如图 2-8 所示。

图 2-8 用塑料薄膜封口保管的醒酒器

任务 12 | 知识能力

辨认并了解白酒分酒器、黄酒温酒壶、清酒冰酒壶的构造和工作原理

建议学习方法
观察、记忆　②

2.3.2　白酒分酒器

在进行白酒的侍酒服务时，由于白酒酒杯一般较小，饮用时经常会一口一杯，因此需要频繁地斟酒。此时可以使用分酒器（如图 2-9 所示），将酒事先斟倒到分酒器当中，当客人饮用完杯中酒后，可由客人根据各自饮酒的节奏自行斟倒。这样不仅避免了因服务人员的频繁介入而破坏宴会的氛围，还能够为就餐客人提供相互之间斟酒的机会，使就餐的氛围更加融洽。

2.3.3　黄酒温酒壶

黄酒的温酒壶以陶瓷材质居多。大部分温酒壶分为两个容器，一个是盛放热水的外壶（热水壶），而另外一个是盛放酒水的内胆（酒壶）。在温酒的时候，将酒壶放置到热水壶中一段时间，即可起到温酒的效果（如图 2-10 所示）。黄酒温酒壶同样也可以用于温热清酒。

任务 13 | 技术能力

掌握白酒分酒器、黄酒温酒壶、清酒冰酒壶的回收方式、清洗方式和收纳管理方式

建议学习方法
记忆、实操　②

2.3.4　清酒冰酒壶

大部分清酒都适合冰镇饮用，以突显其"鲜""爽"的口感特点。清酒冰酒壶通过其巧妙的设计，将储存冰块的空间置于酒壶的中心（如图 2-11 所示）。这样就可以对壶内的清酒

图 2-9　白酒分酒器

图 2-10　黄酒温酒壶

起到降温的作用。清酒冰酒壶由于其奇特别致的造型常常会吸引客人的关注和讨论，因此它不仅是具有侍酒功能的器具，更是一个能够拉近侍酒师与客人关系的"话题来源"。

　　白酒分酒器、黄酒温酒壶和清酒冰酒器属于同一类侍酒工具，因此在维护和收纳管理时可同时进行管理。具体维护和收纳管理方式可参考本单元后表2-1。

图 2-11　清酒冰酒壶

2.4 侍酒服务相关的其他工具和设备

任务 14 | 技术能力

掌握口布的日常维护和收纳管理方式

建议学习方法
记忆、实操　　2

2.4.1　口布

　　口布是必备的侍酒工具之一，如图2-12所示，服务员在进行葡萄酒服务时，一般口布不离手。

图 2-12　侍酒服务的过程中应该准备多条口布

口布的作用十分广泛。比如在开瓶后，用于清理瓶口的污垢；或者在斟酒的时候，用于保护瓶口防止酒液滴到桌面。在使用冰桶服务的时候，还需要准备另外一条口布，用于覆盖在冰桶的桶口，以防止桶内的冰块过快融化。

口布一般选用白色，显得干净卫生，因此在使用的时候，也要经常注意口布的清洁程度。已经沾染污渍的口布需要马上更换。口布不同于客人在座席上使用的餐巾，侍酒师专用的口布的尺寸一般建议为 60 厘米 × 70 厘米；材质以全棉为最佳。口布的日常维护和收纳管理方式可参考表 2-1。

2.4.2　倒酒片

任务 15 | 技术能力

掌握倒酒片的使用和管理方式

建议学习方法
记忆、实操　②

倒酒片是一片 0.1~0.15 毫米厚度的 PET 材质的圆形环保亮片，如图 2-13 所示。将倒酒片卷起，插到瓶口上，可以让侍酒师轻易地控制倒酒的量，还能够有效避免斟倒时酒液滴洒到桌面。倒酒片的成本较低，但是作用却很大。许多葡萄酒酒庄和餐厅都会将自己的品牌 LOGO 印制在倒酒片上，然后将倒酒片作为礼品赠送给客人。倒酒片的管理方式可参考表 2-1。

当然，作为专业的侍酒服务人员，要具备过硬的酒水斟倒技能，即使没有倒酒片也要做到不滴洒酒液。

图 2-13　倒酒片

2.4.3　恒温酒柜

　　恒温酒柜是侍酒师最常接触到的酒水储藏设备。恒温酒柜的规格和种类繁多，根据日常需要收纳的瓶数，可以决定需要采用什么型号的恒温酒柜。

　　一般建议使用双温区的恒温酒柜储藏葡萄酒。因为在储藏葡萄酒的时候，红葡萄酒的储藏温度与白葡萄酒、桃红葡萄酒和起泡葡萄酒的储藏温度是有差异的，因此要避免将不同类型的酒混合在一个空间进行储藏。红葡萄酒储藏区温度一般设置为 13℃，白葡萄酒储藏区温度一般设置为 6℃，如图 2-14 所示。

　　一些生产恒温酒柜的厂家已经开始往定制化恒温酒柜的方向发展，即根据空间的布局，因地制宜地打造葡萄酒的储藏空间。这些定制化的恒温酒柜，可以镶嵌在墙上，也可以作为隔断放置在餐厅的中间位置，如图 2-15 所示。它们既起到了储藏的作用，也起到了展示的作用。

图 2-14　双温区恒温酒柜

图 2-15　定制化恒温酒柜

2.4.4 葡萄酒分杯机

葡萄酒分杯机是一种能够让葡萄酒在开瓶后仍然能够长期存放的装置，如图 2-16 所示。这种机器利用惰性气体填充已经开启的酒瓶，防止瓶中剩余的酒液与空气中的氧气接触而被氧化。此外，分杯机还具有保鲜、冷藏的功能，通常可以使瓶中剩余的酒液保持半个月不会变质。分杯机同时还具有自动售酒的功能，顾客可以任意设置每个出酒口的出酒量，并根据出酒量进行付款。分杯机适合分杯销售的模式，它所具备的保鲜保质功能可以让餐厅提供更多按杯销售的选择。

2.4.5 冰桶

冰桶用于服务白葡萄酒和起泡型葡萄酒。冰桶通常会与一个垫底的碟子同时使用以避免冰桶外部形成的水滴浸湿桌面，如图 2-17 所示。冰桶也有许多种不同材质，通常高档餐厅建议使用双层不锈钢材质的冰桶。有一些冰桶是落地式的冰桶，这样可以使冰桶与桌面分离，不至于影响桌面的就餐空间。然而在选择放置地点的时候要十分注意，一定要避开人流经过的地方，以避免落地冰桶被撞倒。

使用冰桶时，在加入冰块后还需要加入一部分的水，冰和水的比例为 3 : 2，如图 2-18 所示。这样会让冰块之间产生空隙，当酒瓶放入冰桶后，瓶身可插入冰块之中，从而达到给瓶中葡萄酒迅速降温的效果。

图 2-16 葡萄酒分杯机

图 2-17　装了冰的冰桶容易产生水滴浸湿桌面

图 2-18　冰桶中的冰和水的比例为 3:2

在酒吧和夜店等娱乐场所，还可以使用一些会发光的塑料冰桶。这种类型的冰桶通过在底部添加会变色的 LED 灯泡，达到一种渲染气氛的效果。

2.4.6　杯筐

杯筐对于餐厅来说是必不可少的杯具收纳工具。首先，在对杯具进行清洁的时候，需要先用杯筐收纳，然后将其放置到清洗设备中冲洗。其次，对于一些不经常使用的杯子，一般需要用杯筐进行收纳。

杯筐有许多不同的型号可供选择，因此可以收纳多种不同类型的杯子，有一些杯子的高度较高，可以通过加高杯筐来扩展收纳的空间。杯筐一般配备有防尘盖，对杯子会起到非常好的保护作用。在一些酒杯使用频次较高的场所，通常会为杯筐配备专用的小推车以方便挪动和转移，如图 2-19 所示。

图 2-19　杯筐和专门用于运输杯筐的小推车

2.4.7　擦杯机

在一般情况下，我们用抹布擦拭洗好的酒杯。但是在用抹布擦拭的过程中，手难免会触碰到杯身，留下印迹。同时，在擦拭杯子内壁的时候，需要将抹布塞入杯中，动作难度较高，操作起来效率较低。专业的擦杯机则可以避免这种情况的发生。专业擦杯机上有可以自动旋转的清洁棒，操作人员只需要手持杯杆，将杯子罩住清洁棒，待其自动旋转时即可达到擦拭杯子内壁的作用，如图 2-20 所示。在擦拭完杯子内壁后，也可手持杯杆，将杯子的外壁贴合在转动的清洁棒旁边，以达到擦拭杯子外壁的作用。

在整个过程中操作人员只需要手持杯杆，不需要与杯身接触。这样既提升了卫生的标准，同时也提高了操作的效率。

综上所述，在侍酒服务中，所运用到的工具较多，有些工具和设备甚至价值不菲。因此，我们要做好对每一件器皿的维护和收纳工作。侍酒服务常用工具的维护和收纳的方式总结如表 2-1 所示。只有做好工具的维护和收纳工作，才能够在工作中节省成本，提高服务的效率和质量，从而提升客人的满意度。

图 2-20　专业擦杯机

表 2-1 侍酒服务常用工具的维护与收纳方式总结

用具	维护方式	收纳方式
普通玻璃酒杯	使用后回收： 1. 收纳至洗涤间 2. 放置在指定的杯筐内 洗涤方式： 1. 可以选择机洗和手洗，使用洗洁精去除杯子的污渍，使其恢复晶莹透亮的状态 2. 在擦杯前用蒸汽熏蒸，然后用方巾将其擦干	按照杯子的形状进行分类，可放置在杯筐中进行统一保存，也可放置在干燥的储存空间或倒挂在吧台的杯架上
水晶玻璃酒杯	使用后回收： 1. 收纳至洗涤间 2. 放置在指定的水晶玻璃杯临时存放的位置（不建议放置于杯筐中） 洗涤方式： 1. 手洗，使用洗洁精去除杯子的污渍，使其恢复晶莹透亮的状态 2. 在擦杯前用蒸汽熏蒸，然后用方巾将其擦干	按照杯子的形状进行分类，建议设置专门放置水晶玻璃的收纳柜 如果没有专门的收纳柜，则应该放置在干燥的储存空间或倒挂在吧台的杯架上
醒酒器	使用后回收： 1. 收纳至洗涤间 2. 放置在指定的醒酒器临时存放的地点 洗涤方式： 1. 手洗，可选择使用清洁钢珠，使用洗洁精去除杯子的污渍，使其恢复晶莹透亮的状态 2. 清洗完后用醒酒器专用的支架支撑起来将水沥干	用保鲜膜封口，用包装盒或者防尘袋进行收纳，放置在干爽不易触碰的地方
白酒分酒器黄酒温酒壶清酒冰酒壶	使用后回收： 1. 收纳至洗涤间 2. 放置在指定的醒酒器临时存放的地点 洗涤方式： 手洗，可选择使用清洁钢珠，使用洗洁精去除杯子的污渍	收纳至专门存放此类物品的货架或者收纳箱中 不同类型的酒壶应该分类放置
开瓶器	使用后回收： 1. 在餐厅运营过程中开瓶器一般随身携带 2. 每次使用完毕后都要放置在制服的口袋中 使用后维护： 1. 每天使用后检查开瓶器零部件是否正常，如不正常要提出更换要求 2. 如果有使用老酒开瓶器，要用干净的抹布对其两片夹片进行擦拭和清洁 3. 电动开瓶器需检查电量是否充足	如果是私人物品，需在当天工作结束后自行带走 如果是共用产品，则要按照规定收纳至公司规定的放置开瓶器的位置 餐厅共用的开瓶器应该由专人进行管理，否则会经常丢失

（续）

用具	维护方式	收纳方式
口布	使用后回收： 将使用过的口布回收至餐厅指定的回收地点 使用后维护： 1. 通常会由专业的清洗公司对餐厅布草进行专业洗涤并送回给餐厅使用 2. 对于一些没有购买专业洗涤服务的餐厅，可自行清洗，清洗后晾干	清洗后口布应该折叠整齐并存放在专门放置口布的地方，切忌与已经使用过的口布放置在一起
倒酒片	使用后回收： 1. 倒酒片一般是一次性的，使用完毕后应该将其扔到垃圾桶内 2. 切忌将使用过的倒酒片放置在餐桌、水吧吧台或者备餐台上	未开封的倒酒片应该收纳在一个统一的盒子里，并由专人负责管理 倒酒片属于很小的物件，是餐厅中经常使用的耗材，同时也是十分容易丢失的耗材

技能考核

1. 用普通玻璃杯与普通玻璃杯，普通玻璃杯与水晶玻璃杯，水晶玻璃杯与水晶玻璃杯两两相互撞击，能够分辨其声音的不同；同时能够通过肉眼观察或用手触摸来区分普通玻璃杯和水晶玻璃杯。
2. 懂得根据图片或实物区分不同酒杯并说出它们的名称、设计原理和应用场景。
3. 按照规范流程清洗一个葡萄酒杯，并将其擦干。
4. 说出醒酒器的设计原理和功能。
5. 按照规范流程清洗醒酒器。
6. 掌握醒酒器的收纳方式。
7. 懂得海马刀各个组成部件的名称和工作原理。
8. 掌握使用 SABER 香槟刀开启香槟的方法。
9. 能够按照要求准备冰桶。
10. 能够将倒酒片插入瓶中并倒酒。
11. 能够正确操作葡萄酒分杯机。

思考与实践

1. 你遇到过在餐厅想要饮酒却没有适合的杯子的情况吗？如果遇到这种情况你的心情会是怎么样的？

2. 如果你所在的餐厅酒杯与开瓶器等常用工具，损耗与丢失率过高，而你作为管理侍酒工具的负责人，你会怎么防止这类事情的再发生呢？

3. 你在进行侍酒服务的时候，有位没有开瓶经验的顾客很想试试用 SABER 香槟刀开启自己点的香槟，你会怎么应对处理呢？

侍酒服务与管理

单元 3

葡萄酒与烈酒的侍酒服务

内容提要

本单元学习的内容涵盖侍酒服务中主要的实操技能，这些技能是作为一名专业侍酒师必须具备的技术能力。此外，本单元还会讲解侍酒服务过程中一些突发情况的处理预案，让学习者能够应对服务过程中遇到的难题。

不论在任何类型的餐厅里，饮品的服务都是十分重要的，尤其是酒水的服务。这除了能够让客人感受到餐厅服务的专业度外，还能够为餐厅带来巨大的收益。对于一些盈利状况良好的餐厅，酒水的销售是它们重要的利润来源之一，特别是高价酒水的销售。

如果客人希望在餐厅点选一款酒水，很多时候是希望通过酒水来传达他们对于受邀人的款待之心。这个时候，客人最希望得到的是专业的酒水服务，以配合和烘托其待客之意。因此，熟练的服务技能，流畅的服务流程，加上正确的侍酒温度、与酒水匹配的饮酒器具等，都是提升客人满意度的重要因素。

我们可以试想一下，如果一个餐厅没有专业的服务，客人为什么会在餐厅点酒呢？或者说，即使要点，也是点最便宜的酒应付一下，因为他们会觉得，拙劣的服务根本无法与高价格的酒水相匹配。因此我们可以看出，系统而优质的酒水服务是培养客户饮酒消费的重要保障，同时也是餐厅消费升级、利润提升的重要武器。

服务的过程就是与客户沟通的过程。从客户提出的第一个咨询问题开始，服务的流程就开始了。整个服务流程要经历答疑 → 推荐 → 点单 → 取货 → 侍酒 → 收纳六个阶段。每一个环节看似简单，其中却包含了很多专业知识和专业技能。这个过程非常关键，与客户的用餐满意度直接相关。接下来，我们将为大家详细地剖析餐厅酒水服务中的技术细节。

3.1 餐厅服务技能

酒水服务与餐桌服务紧密相关。酒水以及酒水服务是在餐桌上呈现的，换句话说，餐桌是我们为客人进行酒水服务的场所。因此，在学习服务之前，我们要了解中餐和西餐餐桌的服务顺序和客人落座的基本原则。一方面可以提升我们服务的档次，另一方面可以让我们知道对客人服务的顺序，展示待客礼仪，增加主、客的用餐满意度。

任务 17 | 技术能力

能够利用法式和英式两种落座原则为客人安排宴会座席并根据顺序进行酒水服务

建议学习方法
记忆、实操 **2**

3.1.1 西餐餐桌服务

西餐的餐桌服务源自于西方宫廷宴会礼仪。流派上又分为法式、英式、俄式等多种风格。在漫长的岁月中，宫廷服务制式流传至民间，虽然经过很大程度的简化，但是仍然保留着许多重要的服务标准和服务原则。要做好西餐宴会的侍酒服务，就要了解西餐宴会中落座的原则、服务的顺序以及不同酒水的饮用顺序。

1. 西餐宴会的落座原则

西餐餐桌的主宾落座方式决定了侍餐和侍酒时的服务顺序。

决定西餐餐桌落座方式的因素包括：①用餐者的职业和社会地位，比如有企业老板和企业员工之别；②性别，女性优先；③年龄，年长者优先；④功德，有功绩或德行高者优先。

西餐宴会餐桌主宾落座的基本原则包括：

（1）西餐长桌一般建议男女间隔落座，或者男女面对面落座。

（2）如果有一位女性主宾和一位女性副主宾，那么女主宾安排在男主人右边落座，女副主宾安排在男主人左边落座。

（3）如果有一位男性主宾和一位男性副主宾，那么男主宾安排在女主人右边落座，男副主宾安排在女主人左边落座。

（4）要避免将一对夫妻安排面对面落座或者并排落座，除非是新婚夫妇。

以下是法式（图 3-1）和英式（图 3-2）两种宴会落座方式的展示：

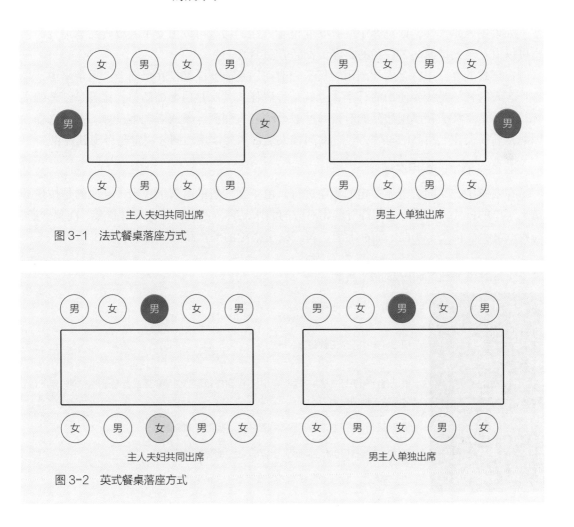

图 3-1　法式餐桌落座方式

图 3-2　英式餐桌落座方式

2. 西餐特殊场合的服务顺序

婚宴宴会：先服务新婚夫妻，其次服务他们的父母。

商务宴会：如果有男性领导，先服务与会现场的所有女性，然后再服务男性领导。

家庭宴会：女士和年长者优先服务。

此外，在宴会场景中，最优先被服务的女宾一般是落座于男主人右边和左边的女宾（先右后左）；其次是落座于女主人右边和左边的女宾（先右后左）。对女主人的服务是在服务完所有女宾之后，在服务所有男宾之前。

最优先被服务的男宾一般是落座于女主人右边和左边的男宾（先右后左）；其次是落座于男主人右边和左边的男宾（先右后左）。

男主人通常是最后一个被服务的。

3. 西餐酒水的服务顺序

首先是由男主人品尝葡萄酒，他也是最后一位被倒酒。

如果主人是女性，而宾客全部都是女性，那么由该女主人负责品尝葡萄酒，并最后一位被倒酒。

如果主人是女性，而宾客中既有女性也有男性，那么可以由女主人负责品尝葡萄酒，也可以由女主人指派一名在场的宾客负责品尝葡萄酒。

在正式的宴会中，客人饮酒用的杯子一般在用餐前就已经摆在桌面上。通常来说，最靠近客人的杯子是最先使用的杯子，也就是香槟杯，其次是白葡萄酒杯，接着是红葡萄酒杯，最后是水杯。在享用甜品的时候，一般会给客人烈酒、茶或者咖啡三种不同的选择，因此烈酒杯会在上甜品的时候，经过询问客人是否需要饮用烈酒才决定是否为其提供。

4. 西餐酒水的饮用次序

在西餐中，饮酒会遵循一定的顺序进行。由于在西餐的就餐形式当中采取的是按位分道上菜单的模式，因此每道菜都有其相对应的酒水品种。西餐大致分为开胃菜、前菜、汤、海鲜或禽类、肉类、奶酪、甜品七道。每道菜所搭配的酒水品类一般如表3-1所示。

表3-1　西餐中每道菜所搭配的酒水品类

开胃菜	干型的起泡酒、香槟、桃红、鸡尾酒
前菜	口感轻盈的干型白葡萄酒、桃红
汤	
海鲜或禽类	根据酱汁和烹饪方式的不同，可以搭配口感轻盈的白葡萄酒或者经过橡木桶陈年的口感醇厚的干型白葡萄酒
肉类	根据酱汁和烹饪方法的不同，搭配不同类型的红葡萄酒
奶酪	延续与肉类搭配的红葡萄酒，也可与甜型葡萄酒进行搭配
甜品	甜白葡萄酒、加强型葡萄酒或者烈酒、茶、咖啡

因此在西餐的就餐过程当中，要根据不同菜式斟倒与之对应的酒水。在西餐的服务礼仪当中，一定是"酒水服务在先，上菜服务在后"。也就是说，在上任何菜式之前，要提前为客人斟倒好与之相对应的酒水。

3.1.2　中餐圆桌服务

中式宴会中以中餐圆桌用餐模式为主。中餐餐桌的服务也源于数千年餐饮文化的积累和总结，具有规范的礼仪、严谨的流程和丰富的文化内涵。其实我国各地都有属于本地的用餐礼仪和传统习俗，如果要细分讲解，将会是一个庞大的教学工程。在现代餐饮服务业中，我们会使用一套被大多数人认可的服务方式，其中包括要为大家介绍的中餐餐桌的落座原则和由其决定的服务顺序。

1. 中餐圆桌的落座原则

（1）"面门为主"原则：即在每一张餐桌上，以面对宴会厅正门的正中位置为主人位。

（2）"各桌同向"原则：即在多桌宴请时，如需在每桌都设置一位主人的代表落座，其落座的位置与主桌的主人位置同向。

（3）"以右为上"原则：即以主人位右边位置为上座，应邀请主宾或年长者落座。

（4）"临台为上"原则：如宴会厅中有讲台，应当以背靠讲台的餐桌为主桌。

在确定主人位置后，主宾的位置安排原则如下：①如果只有一名主人（或主人代表），主宾在主人位（或主人代表）右边落座；②如果餐桌上由主人夫妇共同出席，那么主宾在主人位右边落座，主人夫人在主宾的右边落座；③如果餐桌上由主人夫妇和主宾夫妇同时出席，那么主宾和主宾夫人分别在男女主人的右边落座；④如果餐桌上主人只有一人，主宾为夫妇，那么男主宾在主人右边落座，女主宾在主人左边落座。

2. 中餐酒水的饮用次序

在中餐宴会中的饮酒顺序与在西方宴会中的饮酒顺序是不一样的。导致这种差异的原因首先是因为上菜方式的不同。虽然在许多高档的宴席中，中餐也开始了分餐制的就餐模式，但是大部分的中餐围餐中，还是采用共享式的就餐模式。中餐的上菜顺序并没有一个非常严格的界定。从健康和品尝的角度考

图 3-3　中式宴会中饮用的酒种繁多

虑，应该先上蔬菜和口味清淡的菜式，再上油腻或口味较重的菜式。然而从待客的角度考虑，一般会把主菜先上，彰显主人家对客人的重视。因此在中餐宴席中，通常比较难根据上菜的顺序来上酒，或者做到与菜式的口味搭配着上酒。

此外，在西方人的餐桌上，一般以饮用葡萄酒为主，烈酒一般是餐后饮用。而在中式宴会中，客户饮用的酒水种类繁多，除了葡萄酒之外，还有中国消费者喜欢的中国白酒、黄酒、啤酒、白兰地等（如图 3-3 所示）。这些酒可以分先后顺序出现，也可以同时在餐桌上出现。因此在侍酒服务的过程中，除了葡萄酒是在客人的认可下按照口感由淡到浓的规律依次排序服务外，其他的酒水不能够完全照搬西式宴会的服务方式进行斟倒。

中餐宴席中，主人的主导因素通常较大，因此酒水出场的顺序，通常还需要事先与主人进行沟通，并根据主人的意愿进行服务。通常在一瓶酒快喝完的时候，服务人员应该与主人进行沟通，通常使用的礼貌用语是："先生 / 女士，您的这款酒快喝完了，您看是否需要我为您准备下一款（瓶）酒？"在与主人沟通的时候，要轻声说，以便于将决定权留给主人，避免多人决定的尴尬。

3.2　侍酒服务前的准备工作

◎ 任务 19 | 知识能力

了解不同类型葡萄酒、中国白酒、中国黄酒、白兰地、威士忌和日本清酒的最佳饮用温度

建议学习方法
观察、记忆 **2**

3.2.1　了解酒水的最佳饮用温度

不同酒水根据各自不同的口感特性，有不同的"最佳饮用温度"。作为专业的侍酒服务人员，侍酒服务的第一步就是了解每一种酒水的适饮温度范围，并在客人饮用前做好准备。如果客人对于某些酒水的饮用温度有特殊要求，也要掌握调节酒水温度的方法，力求让客人得到最佳的饮酒体验。

1. 葡萄酒的最佳饮用温度

葡萄酒的温度会影响其口感，因此在进行侍酒服务时，需

根据每种类型葡萄酒的最佳饮用温度进行服务。葡萄酒的最佳饮用温度根据其种类和酒体的轻重程度而有所区别。一般来说，含糖量越高，或者酒体越轻的葡萄酒，建议的最佳饮用温度就越低，需要经过冰镇的时间就会越长。不同类型的葡萄酒所对应的最佳饮用温度如表 3-2 所示。

表 3-2　不同类型的葡萄酒所对应的最佳饮用温度

葡萄酒的类型	最佳饮用温度	常见品类
起泡酒	6~10℃	香槟（Champagne）、西班牙卡瓦（Cava）、意大利阿斯蒂（Asti DOCG），以及卢瓦尔河谷（Val de Loire）、阿尔萨斯（Alsace）、勃艮第（Burgundy）出产的起泡酒（Crémant）和微起泡酒（Mousseux）等
甜葡萄酒	6~8℃	法国苏玳（Sauternes）和卢瓦尔河谷的贵腐酒、阿尔萨斯（Alsace）的晚收葡萄酒、德国的晚收葡萄酒和冰酒（Icewine），匈牙利的托卡伊(Tokaji）等
未经过橡木桶陈年，轻度酒体，以花香为主的白葡萄酒和桃红葡萄酒	7~10℃	新西兰的长相思（Sauvignon Blanc）、密斯卡岱（Muscadelle）、意大利的灰比诺（Pinot Grigio）、德国的雷司令（Riesling）、美国的仙粉黛（Zinfandel）、卢瓦尔河谷的安茹桃红（Rosé de Anjou）和普罗旺斯桃红（Rosé de Provence）等
经过橡木桶陈年，或经过长时间酒泥接触的中度以上酒体的白葡萄酒	10~13℃	夏布利（Chablis）的白葡萄酒、波尔多佩萨克雷奥良（Pessac Leognan）的白葡萄酒、勃艮第的蒙哈榭（Montrachet）、加利福尼亚的白芙美（Fumé Blanc）等
轻度酒体的红葡萄酒	13~15℃	法国博若莱新酒（Beaujolais Nouveau）、大区级别的勃艮第黑皮诺（Pinot Noir）酿造的红葡萄酒、德国丹菲特（Dornfelder）酿造的红葡萄酒、卢瓦尔河谷品丽珠（Cabernet Franc）酿造的红葡萄酒等
中度至重度酒体的红葡萄酒	15~18℃	波尔多（Bordeaux）红葡萄酒、勃艮第村庄级或以上级别的红葡萄酒、罗讷河谷（Côtes du Rhône）的红葡萄酒、西班牙里奥哈（La Rioja）、杜罗河畔（Ribera Del Duero）和普里奥拉托（Priorat）、意大利的巴罗洛（Barolo）和巴巴莱斯科（Barbaresco）、澳大利亚设拉子（Shiraz）酿造的红葡萄酒等

上述常见酒品，涉及不同的产区和葡萄品种。这是因为不同产区或者不同的葡萄品种所酿制出来的葡萄酒在类型和风格上是有所不同的。然而这并不代表某一产区所生产的葡萄酒就会对应某一种特定的风格或者酒体。比如在波尔多，一般的波尔多 AOP 级别的葡萄酒在酿造过程中并没有经过橡木桶的熟化，因此所出产的葡萄酒是一种偏轻度的酒体风格；而同在波尔多产区的一些村庄级葡萄酒，比如波亚克（Pauillac）、玛歌（Margaux）

或者圣埃斯泰夫（Saint-Estèphe），所出产的葡萄酒大多经过橡木桶的熟化，用于酿酒的葡萄成熟度也相对较高，因此所出产的葡萄酒属于重度酒体风格。

此外，即使是同一个产区，采用相同的葡萄品种，但由于年份的不同，其表现出来的口感特点也会有所不同，因此在侍酒的时候也需要区别对待。同样以波尔多为例，即使是同一个庄园，其不同的年份所表现出来的酒体风格也不尽相同。例如：2003 年是一个非常炎热的年份，其葡萄成熟度非常高，所产出的葡萄酒风格上接近重度酒体；而 2007 年，由于年份气候条件较差，一些庄园普遍酿造出来的葡萄酒酒体偏轻，草本的味道比较突出，因此侍酒的时候需要适当地降低温度。

由此可见，在侍酒的过程中，我们要细致、全面地了解葡萄酒的产区、葡萄品种、年份等相关信息，才能够具体地判断一款葡萄酒的侍酒温度。

2. 其他酒水的最佳饮用温度

除葡萄酒外，其他不同类型的酒水所对应的最佳饮用温度如表 3-3 所示。

表 3-3　不同类型的酒水所对应的最佳饮用温度

种类	饮用方式	最佳饮用温度
中国白酒	常温饮用	18~25℃
中国黄酒	温饮	38℃左右
白兰地	冰饮	7~10℃
	常温饮用	18~25℃
威士忌	冰饮	7~10℃
	常温饮用	18~25℃
日本清酒	冷饮	10℃左右
	温饮	40~45℃

任务 20 | 沟通能力

能够正确地记录并口头复述酒水点单信息

建议学习方法
实操、角色扮演　**3**

3.2.2　为客人点单和确认酒水

当客人翻开酒水牌，需要点选一款酒水的时候，侍酒服务人员要做好为客人点酒的准备。客人在选择的过程中，有时会咨询一些关于酒品的信息，其中包括产地、年份、酒精度、葡

　　萄品种、口感和风格特点等。侍酒服务人员必须做到对本店产品基本信息有全面的了解并能够正确表述。

　　在经过沟通后，客人选好了想要点选的酒款，这个时候需要侍酒服务人员准确无误地把客人所需要的产品记录下来并在餐厅内部系统下单。

　　在众多的酒水中，葡萄酒的相关信息最为复杂，也最容易在下单时出错，因此在记录订单的时候，服务人员要特别留意产品的信息，其中主要包括：①酒品的名称；②酒品的种类；③酒品的年份；④净含量；⑤葡萄品种；⑥产地；⑦价格。具体如表 3-4 所示。

表 3-4　酒水点单时所需要确认的产品信息

序号	检查事项	关键点
1	酒名	可以是酒的品牌或者是庄园的名称。这里要注意正牌酒与副牌酒的区别，例如：来自波尔多众多列级庄园的正牌酒和副牌酒，它们的名字会比较类似（如图 3-4（1）所示）。一些不熟悉产品的服务人员经常会犯错，将正牌拿成副牌，或者将副牌拿成正牌，这样会给餐厅带来巨大的损失
2	种类	同一品牌或者庄园的葡萄酒，有可能会有干红、干白和桃红，因此要认真比照客人订单，确保按照正确的品类下单
3	年份	同一品牌，同一种类的葡萄酒，也有可能是不同年份的。通常在欧洲的一些高档餐厅，上述情况比较普遍。对于一些高端的葡萄酒，不同年份的表现是完全不一样的，并且价格也截然不同。因此服务人员在下单时要特别留意客人指定的葡萄酒年份（如图 3-4（2）所示）
4	净含量	同一品牌、同一种类的葡萄酒，也有可能有不同净含量的包装（如 1.5 升装、0.75 升装、0.375 升装和 0.187 升装），因此要特别留意客人点单中葡萄酒的净含量，以免造成误会（如图 3-4（3）所示）
5	葡萄品种	相同的品牌，葡萄品种也会有所不同。有些品牌会以不同颜色的酒标进行区分，如"黄尾袋鼠""纷赋"等；而有些品牌则会采用雷同的设计（如图 3-4（4）所示）。葡萄品种决定了葡萄酒的口感以及餐酒搭配的效果。如果在服务时出错，会直接影响客人饮酒和用餐的满意度
6	产地	同一品牌的产品有可能来自不同的产地。比如同是一个勃艮第家族的产品，产地可以是"上夜丘"（Haut Côtes de Nuit）或者"香贝丹"（Chambertin）产区。按照法国酒庄的酒标设计习惯，这两者之间虽然价格相差极大，但是酒标设计风格基本一致，唯一不同的只有酒标上面产地的区别，这对于不熟悉外语的侍酒师或者服务人员来说，出错的概率极高（图 3-4（5）所示）
7	价格	确定酒水的价格

1. 来自波尔多拉菲罗斯尔柴尔德庄园的正牌酒拉菲古堡（左）和副牌酒拉菲珍宝（右）
2. 不同年份的两款葡萄酒对比：波尔多玛歌庄 1999 年份（左）和 2003 年份（右）
3. 波尔多龙船庄葡萄酒 0.75 升装（左）和 0.375 升装（右）的对比
4. 智利干露集团旗下红魔鬼品牌葡萄酒系列相似程度较高的佳美娜（左）、梅洛（中）和赤霞珠（右）酒标的对比
5. 相似度较高的同一品牌下勃艮第里奇堡产区（左）和大依瑟索产区（右）葡萄酒的对比

图 3-4　相似酒品对比

　　如果侍酒师对于产品不太熟悉，通常可以在与客人沟通的过程中使用一个手写的小型表格（如表 3-5 所示）将客人点单的信息全部记录下来，然后再逐一地与客人进行确认。

表 3-5　客人酒水点单记录表

名称	法国欧诗丹尼葡萄酒
种类	红（葡萄酒）
酒品的年份	2018 年
净含量	750 毫升
葡萄品种	天普兰尼洛
产地	西班牙
价格	139 元

　　以下是可供参考的与客人确认订单的交谈话术：

　　"先生／女士您好，跟您确认一下您选择的酒品。您刚才挑选了一瓶半瓶装的（净含量）2019 年份（年份）法国南部（产地）的欧诗丹尼（品名、品牌）红（种类）葡萄酒。您选择的这款酒是梅洛（葡萄品种）酿造的。您选择的这款酒是我们酒单上性价比最好的葡萄酒之一。"

　　当确认产品信息无误后，服务人员就可以到餐厅后台系统打单并到酒窖取酒。如果餐厅分"楼面恒温酒柜"和"干料仓库"两个存放点，应该优先从餐厅楼面的恒温酒柜中取酒。这样既能够保证服务的速度，也能够保证酒水处于最佳的饮用状态。如果楼面恒温酒柜中没有客人点单的酒水，那么再从干料仓库中提货。

任务 21｜技术能力

能够在开展侍酒服务前对产品进行品相检查

建议学习方法
记忆、实操　　　2

3.2.3　检查酒水的品相

　　侍酒服务是一项非常严谨的工作。某些酒水的价值非常昂贵，因此在向客人呈现其所选择的酒水之前，侍酒服务人员需要再次核对与点单相对应的相关信息，并检查酒水的品相。

　　产品需要在用餐的过程中呈现给客人。因此，酒水外观的完美无缺是客户满意的重要保障。在取酒的时候，服务人员应该对酒水品相进行六个方面的检查，具体检查事项如表 3-6 所示。

表 3-6　酒水品相检查事项

序号	检查事项	关键点
1	酒标	除老年份酒外，新年份酒的酒标尽量不能有破损（如图 3-5（1）所示）。酒标包括正标和背标。进口的酒水要有中文背标，否则不能够上架销售，更不能呈现给客人
2	瓶帽	除老年份酒外，瓶帽不能有磕碰造成的破损（如图 3-5（2）所示）
3	凸塞和漏液	一些储存环境过热的葡萄酒，酒塞会向外凸出（如图 3-5（3）所示），甚至会出现一些漏液的现象（如图 3-5（4）所示）。这些产品的品质会有所下降，因此最好不要提供给客户
4	水位	水位指的是当葡萄酒直立放置的时候，酒液所达到的位置。一些老酒，酒液经过多年的挥发，水位已经下降到了瓶肩的位置，对于老酒来说，这是一种正常现象，在与客人进行充分沟通并获得客人确认后，可以开瓶；但对于一些新年份的葡萄酒，如果水位接近瓶肩位置，那么说明这瓶酒在罐装的过程中没有装够规定的净含量的水平（如图 3-5（5）所示），这样的酒是不能够提供给客人的
5	瓶身	在将酒瓶呈现给客户之前，要对瓶身的灰尘进行擦拭。确保瓶身光洁如新。在欧洲，一些储存在地下酒窖的葡萄酒，瓶身和瓶口布满了霉菌。在国外，一些店主会特意将这些布满霉菌的酒瓶展示给客户，以彰显年份的久远。但是这种情况在国内比较少见。因此我们还是建议将酒瓶以干净、卫生的状态呈现给客户为最佳选择（如图 3-5（6）所示）
6	酒液	在酒窖取酒的时候，要对准光源检查酒液的情况 对干红葡萄酒来说，要特别留意酒液是否产生"浑浊"的状态（如图 3-5（7）所示）。这里的"浑浊"与悬浮的"酒渣"是两种不同的状态

（续）

序号	检查事项	关键点
6	酒液	如果酒液出现如牛奶溶于水后的"絮状浑浊"状态，那么说明这瓶酒已经变质了。如果一瓶葡萄酒的酒液中含有颗粒状或者片状的悬浮物质，而酒液本身仍然清澈透亮，那么属于正常状态 对于白葡萄酒来说，一些储存环境不佳的地方，容易导致酒液过度或者过快氧化，从而导致酒液颜色变深（如图3-5（8）所示）。侍酒服务人员可以将其与同一品牌、同年份的同款白葡萄酒进行对比，如果变色明显，则不应该向客户提供这种状态的白葡萄酒

1. 破损的酒标（左）和正常的酒标（右）
2. 正常的瓶帽（左）和破损的酒帽（右）
3. 酒塞凸出的情况
4. 渗漏酒液的情况
5. 不达标的水位（左）和达标的水位（右）
6. 布满灰尘的瓶身（左）和擦拭光亮后的瓶身（右）
7. 清澈的酒液（上）和浑浊的酒液（下）
8. 同一年份的白葡萄酒，正常的酒液（左）和过度氧化的酒液（右）

图 3-5　酒水品相对比

任务 22 | 技术能力

能够按要求准备侍酒服务的工具和饮酒器皿

———————

建议学习方法
记忆、实操 2

3.2.4 准备服务的工具和饮酒的器皿

　　侍酒服务人员在进行侍酒服务前，应该做好四个方面的准备工作，具体准备事项如表 3-7 所示。

表 3-7　侍酒服务前的准备工作

技术任务		完成侍酒服务前的准备工作	
序号	环节	技能控制点	评估
1	器皿	a）服务前检查饮酒和侍酒服务器皿（酒杯和醒酒器），不得有缺口，不得有过往留下的痕迹或者清洗后洗洁精的痕迹 b）饮酒和侍酒服务器皿（酒杯和醒酒器）在使用前必须重新擦拭，对准光源检测器皿清洁度（如图 3-6（1）所示）	
2	口布	a) 确保口布正反面都是洁净的，白色口布为最佳（如图 3-6（2）所示） b) 应准备多条备用口布	
3	工具	a) 确保开瓶器是完好无损的，锯齿刀和螺旋钻稳固，不松弛（如图 3-6（3）所示） b) 准备一个放置杂物（如锡帽、酒塞掉落的细碎等）的小碟子 c) 确保冰桶完好无损，无滴漏，表面干净无污渍 d）如需使用冰桶，应准备好承托冰桶的底碟，防止冰桶水滴浸湿桌面 e）如需滗酒，需准备好有烛台或小碟子承托的蜡烛	
4	桌面	a) 如桌面尚未摆放酒杯，应事先调整桌面餐具的位置，腾出放置酒杯的位置 b) 整理桌面，放置酒瓶、醒酒器或冰桶	

1　对光检查酒杯的清洁度　　2　检查口布的清洁度　　3　检查开瓶器的锯齿刀和螺旋钻是否松弛

图 3-6　侍酒服务前的准备工作

3.3　葡萄酒的侍酒服务

3.3.1　海马刀开瓶器的使用方法

使用海马刀开瓶器打开一瓶软木塞封瓶的葡萄酒可以分八
个步骤进行，如表 3-8 所示。

表 3-8　使用海马刀开瓶器开启软木塞封瓶的葡萄酒的服务流程

技术任务	正确使用海马刀开瓶器开启软木塞封瓶的葡萄酒	
准备工具	海马刀开瓶器、葡萄酒一瓶、口布、小碟子	
步骤序号	技能控制点	评估
1	打开海马刀的锯齿刀，在瓶口环形突出部分的上端或者下端把锡帽环形割开，左边起一刀，反手右边起一刀，确保锡帽已经被环形割开后，中间划开一个缺口，用刀尖从缺口处慢慢挑起被切割下来的部分，收起锯齿刀	
2	将锡帽被切割下来的部分放置在事先准备好的小碟子里	
3	检查露出的橡木塞是否有灰尘或霉菌，如有，用口布小心擦拭掉	
4	打开海马刀的螺旋钻，以食指与螺旋钻贴紧，把螺旋钻的尖端正对着软木塞中心，垂直下压，旋转海马刀的手柄缓慢、稳定地向下垂直旋转，使螺旋钻旋入软木塞；当螺旋钻只剩下一圈露在软木塞外面的时候，停止旋转，以防止螺旋钻刺穿软木塞而使木屑掉入酒中	
5	将海马刀的杠杆部分下压，第一格卡在瓶口，一只手紧握杠杆部分，使其紧靠瓶身，另一只手用力提拉手柄，利用杠杆原理，把软木塞慢慢提起，当手柄往上提拉到不能再往上拉的时候，将第二格卡在瓶口，第二次向上提拉手柄	
6	直到酒塞即将全部脱离瓶口时，用事先准备好的口布将酒塞包裹，用左手轻轻摇动酒塞，直至酒塞离开瓶口为止	
7	将螺旋钻反向旋转，脱离软木塞。闻一下软木塞，检查是否有不愉悦的气味。如果有，可建议客人用醒酒器进行醒酒；如果气味正常，则把软木塞呈现给客人	
8	用口布小心擦拭瓶口，把木屑或者锡帽自带的金属屑擦拭掉，注意不要让这些碎屑掉进瓶里，影响葡萄酒风味以及口感甚至是客人的健康	

使用海马刀开瓶器开启葡萄酒瓶的工作流程

准备工具

海马刀开瓶器一把、葡萄酒一瓶、口布一块

◀ 扫描二维码，获取学习视频

 任务 24 | 技术能力

掌握软木塞封瓶的红葡萄酒的完整侍酒服务流程

建议学习方法
记忆、实操　　

3.3.2　软木塞封瓶的红葡萄酒的侍酒服务流程

软木塞封瓶的红葡萄酒的侍酒服务流程可以分为八个步骤，具体流程如表 3-9 所示。

表 3-9　软木塞封瓶的红葡萄酒的侍酒服务流程

技术任务		正确完成软木塞封瓶的红葡萄酒的侍酒服务	
准备工具		红葡萄酒一瓶、开瓶器、口布、小碟子、酒杯若干	
环节	步骤序号	技能控制点	评估
检查	1	参考表 3-6 检查酒水品相	
展示	2	将口布折成 10~12 厘米的正方形，置于左手；左手用口布承托瓶底，右手轻握瓶颈，呈 45° 角向主人（或点酒的客人）展示酒瓶，让其确定酒款是否正确（酒款名字、年份、净含量、葡萄品种、酒精度、产地）	
开瓶	3	参考表 3-8 使用海马刀开瓶器开启酒瓶	
倒酒	4	先把酒倒进主人（或者负责选酒的客人）的杯子里，大概倒 2~3 厘米高度，让客人品尝并确认葡萄酒的质量	
	5	在客人确认对酒水品质无异议后，可以按照主客顺序或者围绕餐桌以顺时针的顺序从主人身边的主宾开始斟酒，也可以沿着桌子顺时针方向，先倒女士的酒杯，再倒男士的酒杯；倒酒的时候酒标必须正面朝向客人	
	6	在为所有客人斟倒完后为主人（或尝酒的人）斟酒	
	7	倒酒的时候注意避免让酒液滴在桌布或客人身上，每倒完一杯应用口布擦拭瓶口	
收纳	8	将酒瓶或醒酒器放置在桌面，酒标朝向主人，将开瓶时产生的垃圾清扫干净	

软木塞封瓶的红葡萄酒的侍酒服务流程

准备工具

红葡萄酒一瓶、开瓶器、口布、小碟子、酒杯若干

◀ 扫描二维码，获取学习视频

操作风险提示

在使用海马刀开瓶器开启酒瓶时，锯齿刀有割伤手指的危险。因此在服务时，请遵照视频所示的握刀方式进行安全操作。

 任务 25 | 技术能力

掌握软木塞封瓶的白葡萄酒的完整侍酒服务流程

——————
建议学习方法
记忆、实操　

3.3.3　软木塞封瓶的白葡萄酒的侍酒服务流程

软木塞封瓶的白葡萄酒的侍酒服务流程可以分为九个步骤，具体流程如表 3-10 所示。

表 3-10　软木塞封瓶的白葡萄酒的侍酒服务流程

技术任务		正确完成软木塞封瓶的白葡萄酒的侍酒服务	
准备工具		白葡萄酒一瓶、开瓶器、口布、冰桶、小碟子、酒杯若干	
环节	步骤序号	技能控制点	评估
检查	1	参考表 3-6 检查酒水品相	
展示	2	将口布折成 10~12 厘米的正方形，置于左手；左手用口布承托瓶底，右手轻握瓶颈，呈 45° 角向主人（或点酒的客人）展示酒瓶，让其确定酒款是否正确（酒款名字、年份、净含量、葡萄品种、酒精度、产地）	
冰桶	3	准备冰桶，在冰桶中加水和冰（水和冰的比例是 2:3），冰水不能超过 7 分满；把酒瓶斜插于冰桶中，放在侍酒桌上，冰桶上放置一块口布；在冰桶下放置一个平底碟，防止冰桶外凝结的水滴滴落到桌面	
开瓶	4	参考表 3-8 使用海马刀开瓶器开启酒瓶	
倒酒	5	先把酒倒进主人（或者负责选酒的客人）的杯子里，大概倒 2~3 厘米高度，让客人品尝并确认葡萄酒质量	
	6	在客人确认对酒水品质无异议后，可以按照主客顺序或者围绕餐桌以顺时针的顺序从主人身边的主宾开始斟酒，也可以沿着桌子顺时针方向，先倒女士的酒杯，再倒男士的酒杯；倒酒的时候酒标必须正面朝向客人	
	7	在为所有客人斟倒完后为主人（或尝酒的人）斟酒	

（续）

环节	步骤序号	技能控制点	评估
倒酒	8	倒酒的时候注意避免让酒液滴在桌布或客人身上，每倒完一杯应用口布擦拭瓶口	
收纳	9	将冰桶放置在桌面（如使用落地式冰桶，则将冰桶放置在餐桌旁边）；用干净口布将冰桶桶口遮盖，防止冰块快速融化	

软木塞封瓶的白葡萄酒的侍酒服务流程

准备工具

白葡萄酒一瓶、开瓶器、口布、冰桶、小碟子、酒杯若干

◀ 扫描二维码，获取学习视频

任务 26 | 技术能力

掌握螺旋盖封瓶的葡萄酒的开瓶流程

———
建议学习方法
记忆、实操 ②

3.3.4　螺旋盖封瓶的葡萄酒的开瓶流程

　　螺旋盖封瓶的葡萄酒不需要使用开瓶器开启。然而即使开启简单的螺旋盖，对于专业的侍酒师来说，也要遵循正确的方式。螺旋盖封瓶的葡萄酒的开瓶流程如表 3–11 所示。

表 3–11　螺旋盖封瓶的葡萄酒的开瓶流程

技术任务	正确开启螺旋盖封瓶的葡萄酒	
准备工具	螺旋盖封瓶的葡萄酒一瓶、口布、小碟子、酒杯若干	
步骤序号	技能控制点	评估
1	左手紧握酒瓶颈部的包装铝膜，将瓶盖露出，右手托住酒瓶底部	
2	右手顺时针转动瓶身，左手向相反方向转动包装铝膜；直至听到颈部包装铝膜与瓶盖分离所产生的"咔咔"声停止后停止转动	
3	右手托住酒瓶底部，左手将螺旋盖旋出	

　　开启螺旋盖封瓶的葡萄酒的动作要领如图 3–7 所示。

左手紧握瓶颈，右手托住瓶底	左右手向相反的方向旋转，在听到"咔咔"声后，瓶颈包装铝膜即已脱落	右手托住底部，左手将瓶盖旋出

图 3-7　开启螺旋盖封瓶葡萄酒的动作要领

任务 27 | 技术能力

掌握蜡封葡萄酒的开瓶流程

建议学习方法
记忆、实操

2

3.3.5　蜡封葡萄酒的开瓶流程

　　用蜡封葡萄酒瓶口的做法是一种古老的葡萄酒瓶封瓶方式。蜡封的过程需要纯手工操作，某种程度上代表了葡萄酒生产过程中传统工艺的传承和别具一格的匠心，近些年来越来越受到人们的喜爱，因此市面上也出现了许多蜡封的葡萄酒。此外，对于一些小规模生产的葡萄酒，因为成本的原因无法大量采购个性化的、高质量的金属酒帽，蜡封无疑是一种灵活、简便的包装方式。蜡封葡萄酒的开瓶流程如表 3-12 所示。

表 3-12　蜡封葡萄酒的开瓶流程

技术任务	正确开启蜡封葡萄酒	
准备工具	蜡封葡萄酒一瓶、开瓶器、口布、小碟子、酒杯若干	
步骤序号	技能控制点	评估
1	左手手持葡萄酒瓶颈，右手用开瓶器的锯齿刀围绕瓶口处小心割破封蜡，并尽量将封蜡顶端封蜡削除	
2	当酒塞露出后，用口布清理瓶口处残留的蜡屑	
3	用海马刀开瓶器将软木塞取出	

　　开启蜡封葡萄酒的动作要领如图 3-8 所示。

| 割除瓶口顶部的封蜡 | 在露出酒塞后，用口布对瓶口处进行清理 | 用开瓶器将软木塞取出 |

图 3-8 开启蜡封葡萄酒的动作要领

 任务 28 | 技术能力

掌握起泡型葡萄酒的完整侍酒服务流程

建议学习方法
记忆、实操 2

3.3.6 起泡型葡萄酒的侍酒服务流程

起泡型葡萄酒的侍酒服务流程如表 3–13 所示。

表 3–13 起泡型葡萄酒的侍酒服务流程

技术任务		正确完成起泡型葡萄酒的侍酒服务	
准备工具		起泡型葡萄酒一瓶、口布、冰桶、小碟子、酒杯若干	
环节	步骤序号	技能控制点	评估
检查	1	参考表 3-6 检查酒水品相	
展示	2	将口布折成 10~12 厘米的正方形，置于左手；左手用口布承托瓶底，右手轻握瓶颈，呈 45°角向主人（或点酒的客人）展示酒瓶，让其确定酒款是否正确（酒款名字、年份、净含量、葡萄品种、酒精度、产地）	
冰桶	3	准备冰桶，在冰桶中加水和冰（水和冰的比例是 2:3），冰水不能超过 7 分满；把酒瓶斜插于冰桶中，放在侍酒桌上，冰桶上放置一块口布；在冰桶下放置一个平底碟，防止冰桶外凝结的水滴滴落到桌面	
开瓶	4	把口布垫在酒瓶下，防止水滴滑落弄湿桌布；酒瓶直立，酒标朝客人	
	5	小心撕去锡箔，露出铁丝圈和软木塞	
	6	一手紧握瓶口，拇指顶住软木塞，一手慢慢拧开铁丝圈	

（续）

环节	步骤序号	技能控制点	评估
开瓶	7	按压瓶塞的手紧握瓶塞和松开的铁丝圈，另一手握住瓶底	
	8	握住瓶底的手小心转动瓶身（注意不是转动瓶塞），瓶塞松动后瓶中的气体会对瓶塞产生推动力将其顶出瓶口，左手对软木塞施以反作用力控制其被顶出的速度	
	9	软木塞被顶瓶子出后会发出"啵"的一声，把软木塞放到小碟中，呈现给客人	
	10	用口布小心擦拭瓶口	
斟酒	11	先把酒倒进主人（或者负责选酒的客人）的杯子里，大概倒2~3厘米高度，让客人品尝并确认葡萄酒质量	
	12	在客人确认对酒水品质无异议后，可以按照主客顺序或者围绕餐桌以顺时针的顺序从主人身边的主宾开始斟酒，也可以沿着桌子顺时针方向，先倒女士的酒杯，再倒男士的酒杯；倒酒的时候酒标必须正面朝向客人	
	13	在为所有客人斟倒完后为主人（或尝酒的人）斟酒	
	14	倒酒的时候注意避免让酒液滴在桌布或客人身上，每倒完一杯应用口布擦拭瓶口	
收纳	15	将冰桶放置在桌面（如使用落地式冰桶，则将冰桶放置在餐桌旁边）；用干净口布将冰桶桶口遮盖，防止冰块快速融化	

起泡型葡萄酒的侍酒服务流程

准备工具

起泡型葡萄酒一瓶、口布、冰桶、小碟子、酒杯若干

◀ 扫描二维码，获取学习视频

操作风险提示

在开启起泡酒时，酒塞在不受控制的情况下会被喷出并对周边人员造成伤害。因此开瓶时要确保紧握瓶口，且瓶口不能朝向客户或其他有人的方向。

拓展知识｜葡萄酒侍酒服务中常见的问题

1. 主人是否尝酒？

在开启每一款酒之后，首先要做的是要给主人斟倒一小口酒，以供其品尝。主人是当前宴席的邀请人和实际付款人。只有在得到主人对葡萄酒品质的确认后，才算是确认了该瓶酒的买卖关系，并可以开始为其他客人斟倒酒水。如果服务人员开启一瓶葡萄酒，主人在品尝后提出异议，认为酒的质量有问题，这个时候，侍酒师应该根据自身的专业知识对酒水质量进行判断，在确认确实存在质量问题后，应该为客人更换另外一瓶葡萄酒。

在主人点头认可后，侍酒服务人员方可开始为其他客人倒酒。斟酒服务的方向为顺时针，最后为主人斟倒葡萄酒。在斟倒葡萄酒的时候，侍酒服务人员所站立的位置必须位于每一位宾客的右后方。

2. 侍酒师开瓶后应该先品尝葡萄酒吗？

对于一些经常销售的品牌，在开瓶后，侍酒服务人员只需要通过闻酒塞来判断酒的品质。然而对于一些老年份的酒，或者一些不常被客户点单的品牌，我们是否需要在给客人品尝之前事先品尝一下酒水呢？在欧洲，我们是建议侍酒师斟倒一小口到杯中事先品尝的。但是，如果在中国，我们认为要谨慎行事。即使侍酒服务人员的专业能力得到客人的认可（通常是已经与客人较为熟悉），也必须征得客人的同意，才可为客人品尝酒水。如果本身专业能力未被客人认可，或者客户关系并不熟络，那么我们还是建议由客人来品尝第一口。

3. 什么时候应该撤掉餐桌上的酒杯？

我们在本章节的前半部分有介绍过，在传统西餐服务中，酒水上桌是根据菜的顺序来安排的。先是开胃酒，然后是白葡萄酒，接着是红葡萄酒。按照上述的逻辑，如果准备斟倒下一杯酒，而客人上一杯酒还没有喝完，我们能够撤走吗？这个问题不难，我们只需要询问客人："先生 / 女士，请问需要我为您撤走这个酒杯吗？"或者说："先生 / 女士，这个酒杯您还有需要吗？"总之，无论是西餐服务还是中餐服务，作为侍酒服务人员，我们都应该关注桌面的情况，注意通过收纳的方式，适时为客户整理桌面杯子和其他餐具，以方便客人就餐。

4. 葡萄酒开瓶后应该放在哪里？

葡萄酒在打开后，通常应该放置在客人用餐餐桌的中间或者远离上菜区的桌面。这样既避免了上菜和撤盘过程中碰倒酒瓶的"事故"，也能够让客人在侍酒师不在场的情况下自行斟倒酒水。

然而还有一些特殊的情况值得侍酒师注意。比如在中餐的包房中，餐桌通常较大，且每间包房会配置一名专职的服务人员，因此开瓶后的酒水通常会放置在边柜。这就要求专职服务人员随时观察客人的酒杯并随时为客人斟倒。此外，在一些现代的西餐厅，由于餐桌面积较小，在摆放完餐具后已经没有剩余的位置放置酒瓶。这种情况下，侍酒师一般会在餐桌旁准备一个小型的边桌放置酒瓶和冰桶，以方便客人自行斟倒或为客人提供服务。

掌握用醒酒器滗酒的
服务流程

———
建议学习方法
记忆、实操

3

3.3.7 醒酒器滗酒的服务流程

你也许会问，醒酒器不是用来醒酒的吗？为什么用来"滗酒"了？"滗酒"又是什么意思？法语中的"Decantage"和英语中的"Decantion"解释都是"将沉淀物从液体中分离出来"。在中文中，与之对应的词是"滗"，"滗"的意思是"挡住渣滓或泡着的东西，将酒液轻轻倒出"。在葡萄酒服务术语当中，"Decantage"的意思就是将葡萄酒中的沉淀物从葡萄酒酒液中分离出来。用醒酒器滗酒的服务流程如表 3-14 所示。

表 3-14　用醒酒器滗酒的服务流程

技术任务	正确使用醒酒器滗酒	
准备工具	醒酒器、小碟子、蜡烛、火柴	
步骤序号	技能控制点	评估
1	将蜡烛固定在小碟子上，点燃蜡烛	
2	将酒瓶打开，开瓶时要注意不能够摇晃酒瓶，以免瓶中的酒渣泛起	
3	左手持醒酒器，右手持酒瓶，将酒瓶放置于蜡烛上方约 10 厘米处	
4	慢慢倾斜酒瓶，将酒液缓缓倒入醒酒器当中，倒酒时酒瓶要保持在蜡烛的上方，做到烛火、瓶肩、眼睛呈三点一线	
5	当瓶中的酒液因逐渐减少而变得透明后，要注意借助蜡烛火光的透视作用观察酒液当中是否有漂浮的沉淀物质，极小心缓慢地控制葡萄酒的流速	
6	如果瓶中还剩余较多酒液，而酒液中的悬浮物质较多，那么应该暂时将酒瓶垂直放置在桌面上，待其中的悬浮物质沉淀到瓶底后，重新进行操作	
7	当酒瓶中剩余的酒液不多时，可借助蜡烛的火光，极其缓慢地将酒液倒出，并将悬浮物质阻挡在酒瓶瓶肩的位置	
8	如果瓶中悬浮物较多，那么不建议将所有酒液都倒到醒酒器当中，通常会在瓶中保留 1 厘米高度的酒液（具体剩余酒液的量视实际情况而定）	

使用醒酒器滗酒的流程

准备工具

醒酒器、小碟子、蜡烛、火柴

◀ 扫描二维码，获取学习视频

操作风险提示

在进行滗酒服务时，蜡烛有引发火灾的风险。在服务时，应清除桌面周边与服务无关的物品，以防止火苗的蔓延。

拓展知识 | 什么类型的酒需要进行滗酒？

随着酿造技术中过滤技术的提升，以及消费者越来越偏向于饮用新年份的葡萄酒，现在在侍酒服务的过程中很少见到会有很多沉淀的葡萄酒。只有一些老年份的葡萄酒，一方面是在当时酿造时，过滤技术有限，导致一些来自葡萄果实的沉淀物进入瓶中；另一方面是在葡萄酒老化后，色素凝结成黑色的小型颗粒而形成了肉眼可见的物质。对于这一类型的酒来说，我们在进行侍酒服务的时候，是必须要对其进行"滗酒"服务的。

然而，对于那些新年份的酒，特别是红葡萄酒，我们在侍酒服务的时候，要不要做"滗酒"服务呢？我个人的建议是要的。"滗酒"的过程，是一个极具"仪式感"的过程。当侍酒人员将酒塞开启，点燃一根蜡烛，缓缓地将葡萄酒沿着内壁倒入醒酒器中的时候，整个场面都会随之而静止了。客人们安静地欣赏着侍酒师的每一个动作，甚至举起手机通过拍照记录这一美妙的时刻。这样，侍酒服务才真正体现出它的价值和意义。

任务 30 | 技术能力

掌握用醒酒器醒酒的服务流程

————

建议学习方法
记忆、实操　　③

3.3.8　醒酒器醒酒的服务流程

醒酒器的另外一个用途就是"醒酒"。"醒酒"是指让封存在酒瓶中的葡萄酒，通过与空气的大面积接触，挥发酒液中令人不愉悦的气味和过度的酒精，使得葡萄酒散发出迷人的香气和风味。在向醒酒器中倾倒酒液的时候，一定要注意控制流量，使酒液缓慢地流入醒酒器当中。对于一些单宁强烈的红葡萄酒，当酒液进入醒酒器后，建议手持醒酒器的颈部顺时针轻轻摇晃。而对于那些老年份的酒，我们在倾倒酒液的时候则要格外地小心。老年份的葡萄酒就如同一位长者，有许多值得品味的故事，但是却风烛残年，年弱体衰。因此我们在对老年份葡萄酒进行饮用前的醒酒准备时，需要格外细致和小心。因为任何一个粗鲁的举动，都有可能破坏其经年沉淀下来的优雅平衡的特质。用醒酒器醒酒的服务流程如表3–15所示。

醒酒的时间从几分钟到几个小时不等。醒酒可以使一款"年轻"的葡萄酒变得圆润、柔顺，使它喝到口中给人带来舒服愉悦的口感。但是如果时间把握不好，醒酒时间过长很有可能使酒失去它新鲜清爽的味道，失去活力。对于"年老"的葡萄酒来说，醒酒要特别小心，稍有不慎就有可能使它失去酒中珍贵的香气而毁掉一款价格不菲的好酒。

在醒酒之前，根据不同的葡萄酒要计划好用什么形状、什么型号的醒酒器。醒酒器直径的大小与醒酒器颈部的长短直接

表 3-15　用醒酒器醒酒的服务流程

技术任务		用醒酒器醒酒的流程	
准备工具		醒酒器、侍酒师专用杯子	
环节	步骤序号	技能控制点	评估
开瓶	1	参考表 3-8 使用海马刀开瓶器开启酒瓶	
品鉴和评估	2	将瓶中的葡萄酒倒入醒酒器中一小口，将酒瓶放置在桌面	
	3	左手握住醒酒器的瓶颈，垂直旋转醒酒器，将醒酒器中的酒液旋转起来，尽量与醒酒器内壁进行接触	
	4	将醒酒器中的酒液倒入侍酒师专用杯子中	
	5	侍酒师拿起酒杯，观察酒液的颜色，闻香并品尝酒液的味道	
	6	a）利用侍酒师的专业知识，判断该酒是否变质。如果酒液呈现出絮状浑浊的状态，那么说明酒液已经变质，应该与客户沟通，建议更换一瓶 b）如果酒液颜色正常，但是却表现出醋味、胶水或者腐烂的纸皮的味道，那么也说明酒液已经被过度氧化或者已经被腐烂的酒塞所污染，已经处于变质的状态 c）如果酒液表现出来的气味不属于变质的特征，但是却表现出复杂的如酱油、动物皮毛、腐臭味甚至是轻微的臭鸡蛋味，那么我们可以判断这是由于特殊的酒香酵母或者由于酒液的还原反应而造成的特殊气味，可以通过醒酒的过程将其去除 d）如果颜色、气味和口感状态一切正常，则可以进行下一步操作	
手动醒酒	7	在确认酒液状态正常后，将瓶中剩余的酒液缓慢地倒入醒酒器中	
	8	当酒液被倒入到醒酒器后，将酒瓶放置在桌面，手持醒酒器，缓慢柔和地摇动醒酒器。如果酒液的气味较复杂，那么摇晃的时间略长；如果酒液的气味正常，则摇晃的时间略短。摇晃约 30 秒后将醒酒器放置在桌面	
倒酒	9	待醒酒器中的酒液恢复平静后，可以开始为客人斟倒葡萄酒	
异常情况的沟通	10	对于一些气味复杂的葡萄酒，如果在品尝时仍然无法去除异味，应该与客人进行沟通，在获得客人许可后，将醒酒器再静止放置一段时间，待异味消除后再给客人倒酒	

影响着葡萄酒与空气的接触面积，因此可以控制葡萄酒的氧化程度，从而决定葡萄酒气味的散发与口味的丰富程度。

通常对于一款年轻的葡萄酒来说，会选用比较最常见的扁平的醒酒器，这种醒酒器有一个宽大的肚子，能够让酒液最大限度上与氧气接触；而对于年老的脆弱的葡萄酒来说，则建议选择底部直径较小的醒酒器。在使用醒酒器之前要确保它应该是干燥的、没有异味的和干净的。

使用醒酒器醒酒的流程

准备工具

醒酒器、侍酒师专用杯子

◀ 扫描二维码，获取学习视频

拓展知识丨什么类型的葡萄酒适合醒酒？

并非所有的葡萄酒都需要醒酒，或者适合拿来醒酒。适合醒酒的葡萄酒酒类型包括：

① 老年份的红葡萄酒；

② 经过橡木桶陈年的葡萄酒；

③ 单宁厚重的葡萄酒；

④ 酒精度高的葡萄酒；

⑤ 由还原反应造成的已经发出酱油、香菇、腐烂气味的酒。

不需要或者不适合醒酒的葡萄酒包括：

① 没有经过橡木桶陈年，花香和果香浓郁的红、白葡萄酒；

② 起泡酒；

③ 甜型葡萄酒。

任务 31丨技术能力

掌握用 Ah-So 开瓶器开启老年份葡萄酒的服务流程

建议学习方法

记忆、实操

③

3.3.9　Ah-So 开瓶器的使用方法

在服务中遇到老年份葡萄酒的时候，除了要用醒酒器滗酒和醒酒外，我们还应该注意到，由于老年份葡萄酒的酒塞有可能已经被酒液腐蚀，因此在开启老年份葡萄酒的时候是需要额外注意的。

在第二单元中我们提到过，开启老年份葡萄酒建议使用 Ah-So 开瓶器。使用 Ah-So 开瓶器开瓶的流程如表 3-16 所示。

表 3-16　使用 Ah-So 开瓶器开瓶的流程

技术任务	正确使用 Ah-So 开瓶器开瓶	
准备工具	Ah-So 开瓶器、口布、海马刀开瓶器	
步骤序号	技能控制点	评估
1	用海马刀的锯齿刀小心翼翼地将葡萄酒的锡帽全部割开剥离瓶身，露出酒塞	
2	用口布在瓶口处小心擦拭，将瓶口处残余的碎屑擦拭干净	

（续）

步骤序号	技能控制点	评估
3	透过瓶口观察软木塞的状态；留意软木塞的前端是否已经有腐烂的迹象，观察软木塞其他部分的状况	
4	将 Ah-So 开瓶器的"长刀片"首先插入瓶塞和瓶颈的中间缝隙，然后再将"短刀片"插入	
5	轻柔地将两片刀片都插入酒塞与瓶颈之间，直至两片刀片完全夹住瓶塞为止	
6	缓慢地一边转动开瓶器，一边向上提拉，将酒塞从瓶口处取出	

然而一些侍酒师会误认为 Ah-So 开瓶器就是"老酒专属开瓶器"，其实并非如此。Ah-So 开瓶器也适合用于开启新年份的葡萄酒。

使用Ah-So开瓶器开瓶的流程

准备工具

Ah-So开瓶器、口布

◀ 扫描二维码，获取学习视频

3.3.10　葡萄酒侍酒服务的技术重点

1. 酒标的朝向

在整个侍酒服务流程中，酒标都不能被遮挡。当我们手持酒瓶的时候，酒标必须朝外。当酒瓶放置于桌面的时候，也应该将酒标朝向客人，防止被其他物品遮挡。

2. 持瓶走动

在侍酒服务的过程中，服务人员需要手持酒瓶穿插游走于客人之间。在手持酒瓶走动的时候，一定要注意保持酒瓶与地面垂直，且将酒瓶抬高至服务人员胸口高度。这样可以有效减小甚至避免因碰撞、绊脚等突发状况导致酒水泼洒的可能性。

3. 斟酒

在前面的内容中我们提到过，在主人品尝确认酒水的品质后，应该从他身边的主宾位置开始斟倒酒水，这个时候，请千万不要忘记在最后还要为主人斟倒酒水。这是许多年轻的侍酒服务人员经常犯的错误。

在欧洲常说的的一句话是："既不能空杯，也不能满杯。"这指的是当客人喝完杯中酒的时候，要及时为客人斟倒；然而倒酒的时候也要注意斟倒的量，不能倒满，一般建议倒至葡萄酒杯杯身的最宽处。在中国的一些应酬场合，由于经常需要"干杯"，如果侍酒服务人员发现现场"干杯"的频次较高，那么每次斟倒的时候可以在征求客人意见后减少每次倒酒的量，如图 3-9 所示。

图 3-9　斟倒酒水时需要注意的细节

葡萄酒斟倒的时候一般斟倒到酒杯的最宽处

如"干杯"的频次过高，建议减少每次斟倒的量

4. 防止滴洒

在斟倒酒水和茶水时，不慎将茶水或者酒水滴漏在桌面的情况称为"流涎"。流涎的发生与瓶口的厚度、材质等相关，因此有的时候是无法避免的。然而如果酒水或者茶水滴漏在桌面，会弄脏餐桌，从而给客户带来不便。因此服务人员在斟倒酒水的时候，应该采取一些方法避免流涎现象的发生。

对于葡萄酒，可以使用"倒酒片"倒酒。将形状为圆形的倒酒片卷成管状，插入瓶口中，在倒酒的时候，可以有效地防止酒液滴落到桌面上。

如果没有"倒酒片"，应该随时准备好干净的口布，将口布折叠至 10~12 厘米，在斟倒接近完毕时，将口布伸至瓶口接住瓶口残留的、即将滴落的酒液。图 3-10 展示了上述两种有效防止在斟酒时滴洒的方法。

图 3-10　斟酒时防止酒水滴洒的两种方法

插入倒酒片后倒酒可以防止滴洒

使用口布保护瓶口，在每次倒酒后接住瓶口的流涎

5. 冰桶的正确使用方式

冰桶的正确使用方式是在加入冰块后，根据冰块的量，加入其 2/3 量的水，再把酒瓶放入冰桶之中。当冰块在水中处于悬浮状态的时候，才能够更大面积地与酒瓶接触，从而达到快速降温的效果。当酒瓶置于冰桶之中时，应该用口布遮盖冰桶，避免冰块与室温接触，从而减缓冰块融化。

6. 白葡萄酒出冰桶的擦拭方法

当从冰桶中取出葡萄酒瓶的时候，因为冰桶中有水，因此需要及时擦拭瓶身上的水滴后再为客人斟倒。许多年轻的侍酒服务人员，由于技能动作不熟练，将酒瓶抽出冰桶时，会溅起较大的水花，甚至会将水花溅到桌面、餐盘中或者客人的身上，造成非常尴尬的局面。因此在操作的时候，侍酒服务人员的动作要熟练、谨慎、快速、简洁和流畅。

白葡萄酒出冰桶后擦拭的流程

准备工具

冰桶、口布

◀ 扫描二维码，获取学习视频

3.4 中国白酒的侍酒服务

白酒是中国特有的一个酒种，是指以谷物作为原料，经过酒曲中微生物的作用，将谷物中的淀粉转化成糖分，经过发酵后形成发酵酒，继而在发酵酒的基础上，经过蒸馏的工艺将酒精分离出来，再经过窖藏陈年和勾兑而得到的一种烈酒。

中国历史上有"猿猴造酒""杜康酿酒"等历史典故，都在证明着中国已经有超过五千年的酿酒历史。然而白酒作为一种蒸馏酒，它的酿造必须借助于蒸馏器的发明和运用。从考古和文献记载中可以推测，中国白酒最早形成于唐代。唐代对酒统称为"春"，也称"春酒"。旧唐书《德宗本纪》中已经有关于"剑南烧春"的描述。这里的"烧春"即是烧酒。白居易也有"荔枝新熟鸡冠色，烧酒初开琥珀香"的诗句。《西南彝志》中对隋末唐初时蒸馏技术的雏形也有所描述："酿成醇米酒，如露水下降。"可以说，白酒工艺创始于唐代，而到了元代的

拓展知识 | 中国白酒的"曲"

所谓酒曲，就是将酿酒原料中的淀粉转化成为糖的一种物质。这种物质通常是用发霉或发芽的谷物，其中的霉菌即为酒曲。霉菌所分泌的酶可以将谷物中的淀粉和蛋白质转化成为糖。糖在酵母的作用下发酵成为酒精。中国是世界上最先掌握对霉菌等微生物技术运用的国家，比欧洲人早 3000 年左右。酒曲分成不同的种类，主要的有大曲和小曲。制作大曲的主要原料是大麦、小麦和豌豆，而制作小曲的主要原料则是稻米。

时候则被大面积地推广和运用开来。

3.4.1　中国白酒酒精度数的分类

中国白酒按照度数来分，可分成三类：

（1）高度白酒，即酒精含量为 51% 以上的白酒。

（2）降度白酒，即酒精含量为 41%~50% 的白酒，又称中度酒。

（3）低度白酒，即酒精含量为 40% 以下的白酒。

👁 **任务 32 | 知识能力**

了解中国白酒的 12 种主要香型及其代表性品牌

建议学习方法
观察、记忆　**3**

3.4.2　中国白酒的 12 种香型

中国白酒品类繁多，每个地方都因地制宜，结合当地风俗和传统酿造白酒。酿造时所采用的原材料和酿造工艺不同，白酒所表现出来的色泽、香气和口感也各有千秋。我们通常以"香型"来区分不同风格的白酒，中国白酒有 12 种主要香型。

1. 浓香型

浓香型白酒以五粮液、剑南春、泸州老窖为代表。浓香型白酒以高粱为主要酿酒原料。其特点是窖香浓郁、酒体醇和协调、余味悠长。

四川宜宾是生产浓香型白酒的重要基地。早在唐代，宜宾当地就已经在酿制一种以四种粮食为原料的春酒。杜甫在品尝过宜宾的春酒后曾作诗："重碧拈春酒，轻红擘荔枝。"五粮液就是出产自宜宾的一款浓香型白酒，宋代宜宾姚氏家族以大豆、大米、高粱、糯米和荞子为主要原料酿造的"姚子雪曲"是五粮液的原型。经过历代的传承和总结后，酿造原料改为以高粱、大米、糯米、麦子和玉米五种粮食为主，晚清举人杨惠泉将其改名为"五粮液"。

另一个浓香型白酒的典型代表——剑南春，产自四川绵竹，曾是唐代宫廷御酒。其酿造原料以大米、糯米为主料，以小麦、高粱、玉米为辅料。酿酒用水取自当地九顶山玉妃泉冰川水，以传统工艺酿造出芳香浓郁、酒味醇厚、清洌净爽、余香悠长的名酒。黄葆真《事类统编》记载："为生春，《德宗本纪》剑南贡生春酒。"唐朝中书舍人李肇在其所撰的《唐国史补》中，也把"剑南之烧春"列为天下名酒。

2. 酱香型（茅香型）

酱香型白酒又称为茅香型白酒。这种类型的白酒以高粱为主要原料，由于它类似以豆类产品发酵后产生的酱油的香气，酒液微黄，故被称为酱香型白酒。酱香型白酒的特点是"酱香突出，幽雅细腻，酒体醇厚，后味悠长，空杯留香持久"。

酱香型白酒以贵州遵义仁怀市茅台镇的茅台酒为典型代表。清代大儒郑珍曾给茅台酒冠以"酒冠黔人国"的美誉。茅台酒本身也是一项国家标准，该标准规定贵州茅台酒是"以优质高粱、小麦、水为原料，并在贵州省仁怀市茅台镇的特定地域范围内按贵州茅台酒传统工艺生产的酒"。

茅台酒特有的口感特征很大程度上取决于当地特殊的自然环境和气候条件。其酿酒所用的水来自于赤水河。赤水河水入口微甜，经过蒸馏后酒液甘美如饴。茅台镇是一个盆地，海拔仅440米，夏季高温时间长，湿度大。低海拔导致其空气难以对流，因此整个地方终日被笼罩在湿热的空气之中。正是这种特殊的微气候环境给茅台酒的酿造带来了特殊的风土，使其具有与众不同的风格。

3. 清香型

清香型白酒也称汾香型白酒，以山西汾酒为代表，其他著名的清香型白酒还包括浙江诸暨同山镇的同山烧、河南宝丰酒和厦门高粱酒。清香型白酒以高粱等谷物为主要的酿酒原料，其特点是"清香纯正，甘甜柔和，自然协调，后味爽净"。

汾酒产自山西汾阳杏花村。中国人耳熟能详的名句："清明时节雨纷纷，路上行人欲断魂。借问酒家何处有，牧童遥指杏花村。"所描述的就是古人沽酒杏花村的场景。汾酒历史悠久，因作为御酒深受南北朝时期北齐武成帝的喜爱，而被载入《二十四史》。汾酒以晋中平原的优质高粱作为原料，配以杏花春村当地清洌甘美的泉水，结合传统独特的酿造工艺，酿造出清香纯正、绵甜清爽、回味悠长的中国名酒。

4. 米香型

米香型白酒也被称为蜜香型白酒。以广西桂林三花酒和湖南全州湘山酒为代表。它以大米为原料，特点是"米香纯正，清雅，入口绵甜，落口爽净，回味怡畅"。

传说酒祖杜康在年少时曾经为禹王管理粮食，在无意中发现腐烂霉变的稻谷竟能够演变成醇香四溢的"神水"。后来杜康对这种现象进行总结，并形成了最早的酿酒技术。杜康当年造酒的原料就是大米，由此推断米香型白酒是中国白酒的起源酒。

桂林三花酒，被誉为"桂林三宝"之一，有"米酒之王"的美誉。据说在人类还没有开始酿酒之前，漓江两岸的猿猴就已经懂得采集花果来酿造"猿酒"了。三花酒始于宋朝，古称"瑞露"。三花酒是经过三次蒸馏而得到的酒，因此当地人也称之为"三熬酒"。这里的"花"指的是酒花，也就是酒水倒酒的时候所产生的泡沫。"花"分为大花、中花和细花。花越细，说明酒的质量越好。所谓"三花"，指的是将三花酒倒入坛、入瓶和入杯的时候都会产生酒花，而且是细花，故而称"三花酒"。

5. 豉香型

豉香型白酒是广东地区最具特色的白酒，它以大米为原料，秉承"肥肉酿浸，缸埕陈藏"的酿造工艺，即在酿造时加入肥肉，肥肉中的脂肪在浸泡的过程中与酒液相互融合并发生复杂的反应，使酒体醇化，从而形成独特的香味。豉香型白酒具有"玉洁冰清，豉香独特，醇和细腻，余味甘爽"的风格特点。

豉香型白酒以广东石湾玉冰烧为典型代表，其酿制技艺由石湾陈太吉酒庄第三代传人陈如岳先生于1895年始创，传承至今。因为以肥肉浸泡为工艺特点，因此最初该酒名为"肉冰烧"，后因"肉"字不雅，而粤语中"玉"与"肉"同音，故改名为"玉冰烧"。

6. 特香型

特香型白酒以整粒大米为原料，不经碾碎，整粒与酒醅（酿成而未经过滤的酒）进行混蒸，使大米的香味直接融合到酒液当中。这种酒香气层次丰富，不论是高度酒还是低度酒，都具有浓、清、酱三香；同时具有"酒体醇厚丰满，协调和谐，入口绵柔醇甜，余韵悠长"的特点。

江西宜春樟树市的四特酒和临川的贡酒是特香型白酒的典型代表，其中四特酒更是历史悠久。四特酒的产地樟树市是江西历史上有名的酒都和药市，与景德镇、吴城镇、河口镇并称江西四大名镇。樟树市的酿酒历史可以追溯到公元前1000多年的殷商时期。而今天驰名中外的四特酒则起源于宋代，因"清、香、醇、补"四大特点而得名"四特"。明代科学家宋应星对四特酒的酿造工艺进行过精心学习和系统考究，后来将"四特土烧"的酿造技术归纳成文，载入其鸿篇巨制《天工开物》之中。

7. 芝麻香型

芝麻香型白酒以高粱、小麦等为原料酿造。之所以被称为芝麻香型，并不是因为酿造原料中含有芝麻，而是由于该类型白酒的香气中具有一种独特的炒芝麻的清香。芝麻香型白酒在山东、江苏和内蒙古等几个省份都有生产，而其中最主要的生产基地是山东。山东将芝麻香型推崇为"鲁酒"的最大特点，并对此进行广泛推广。

芝麻香型白酒的典型代表是山东潍坊的景芝白干。景芝白干因景芝镇而得名。这里的"芝"指的不是芝麻，而是灵芝，因这个地方在北宋年间曾出产灵芝，并作为贡品向朝廷上表，因此而得名。景芝镇自古便是酿酒重镇，"十里杏花雨，一路酒旗风"的诗句就是描述当年景芝镇酒肆争鸣的局面。景芝白干酒体饱满，香气典雅，余味悠长。在品鉴时将杯中的酒倒掉，空杯闻香，芝麻香的气味非常明显。除山东景芝白干之外，江苏梅兰春也是芝麻香型的代表之一。

8. 老白干香型

老白干型白酒以粮谷作为原料，是河北的主要白酒品类。老白干型白酒以衡水老白干为典型代表，同时也是老白干香型标准的参照依据。衡水老白干以高粱作为酿酒的原料。其所谓"老"，指的是这种香型的白酒的酿造历史悠久，始于汉代，而得名于明代，历经1900多年，其酿酒的历史从未间断；所谓"白"，指的是老白干型白酒的酒液清亮透明；而所谓"干"，则指的是其度数一般较高，可以达到67度。其酒自古便有"隔墙三家醉，坛开十里香"的美誉。

9. 兼香型

浓酱兼香型白酒以粮谷为生产原料。所谓"兼香"，指的是有两种以上主体香气的白酒。这种一酒多香的风格来源于特殊的酿造工艺，或者受到不同的原材料和生产环境、生产设备的影响。优质的兼香型白酒兼备了多种主要香型的香气和口感风格，克服了单一香型白酒的某些不足，自成一派，满足了市场上的一些个性化需求。

兼香型白酒中又以浓酱兼香型为主导。安徽淮北的口子窖、湖北荆州的白云边都是浓酱兼香型的典型代表。其中白云边产于荆州松滋市，以优质的高粱作为原料，浓酱协调，细腻丰满，是鄂酒的杰出代表。"白云边"得名于李白诗作《游洞庭》。当时李白、李晔、贾至三人正泛舟洞庭湖，行至湖口（松滋市境内），把酒览胜，即兴作诗："南湖秋水夜无烟，耐可乘流直上天。且就洞庭赊月色，将船买酒白云边。"白云边酒便由此而得名。

10. 凤香型

凤香型白酒以高粱为主要原料，其特点是"醇香秀雅，醇厚甘润，诸味协调，余味净爽"。凤香型白酒以产自陕西省宝鸡市凤翔区柳林镇的西凤酒为代表。

西凤酒古称秦酒、柳林酒，始于殷商，历经春秋、战国，见证大秦帝国的崛起，风靡于唐宋，距今已经有3000多年的历史。在陕西凤翔，凤鸣岐山、武王伐纣、吹箫引凤、秦穆公投酒于河而三军皆醉等典故脍炙人口、千古流芳。民间流传有"凤翔三美"（即东湖柳、西凤酒、姑娘手）的佳话，苏东坡在凤翔府任职的时候，曾以"花开酒美唱不醉，来看南山冷翠微"的佳句来表达自己对西凤酒的喜爱之情。

11. 馥郁香型

馥郁香型白酒是中国白酒的一个创新香型。该香型的典型代表是产自湖南吉首的酒鬼酒。它通过改良酿造工艺，将湘西传统的小曲酒酿造技艺与大曲酒酿造方法相结合，使酱、浓、清等不同香型的香气特点巧妙地融合在一起，形成一种新的香气和口感的表现形式。

湘西是众多少数民族聚居的地方，具有悠久的酿酒传统和历史。每个少数民族都有各自独特的酿酒工艺，所酿的酒风格各异，美味分呈。少数民族酒文化的传承和积累使湘西自古便有"酒乡"的美名。横贯湘西的酉水河也被称为"酒河"。酒鬼酒的酿造工艺源于传统，结合湘西当地特殊的自然、地理和气候条件，形成其独特的风格，可以说是湘西文化的一个重要组成元素。在湘西，"鬼"是一种联系人和自然的神秘力量，代表一种超脱自我、与天地融合的精神状态，湘西画家黄永玉先生曾为该酒题字"酒鬼"，"酒鬼酒"的名字由此而来。

12. 药香型

药香型白酒又称董香型白酒，以贵州遵义董公寺镇的董酒为代表。董酒因产地董公寺而得名。酿造董酒的微环境为冬无严寒、夏无酷暑、植被茂密，加上以贵州大娄山脉地下泉水为酿造用水，为酿造味美甘醇的白酒提供了绝佳的外部条件。董公寺一带自古就有酿酒的传统，历代先民对酿酒工艺的总结和传承成就了今天董酒的特殊工艺，即在酿造过程中以优质高粱为原料，并融合 130 多种草本参与制曲，因此酒中香气含有优雅舒适的植物和草药的芳香，成为药香型白酒的主要特点。董酒因此也被誉为"百草之酒"。

任务 33｜技术能力

掌握中国白酒的侍酒服务流程

建议学习方法
记忆、实操　　**3**

3.4.3　中国白酒的侍酒服务流程

中国白酒的侍酒服务可分为准备和斟酒两大环节，具体流程如表 3-17 所示。

表 3-17　中国白酒的侍酒服务流程

技术任务		正确完成中国白酒的侍酒服务	
准备工具		白酒、分酒器、酒杯、口布	
环节	步骤序号	技能控制点	评估
准备	1	为客人分发酒杯和分酒器	
	2	将口布折成 10~12 厘米的正方形，置于左手；左手承托瓶底，右手轻握瓶颈，呈 45° 角向主人（或点酒的客人）展示酒瓶，让其确定酒款是否正确（品牌、年份、净含量、酒精度等）	
	3	征得客人同意后，在客人面前打开白酒	
斟酒	4	服务时，左手持方型口布，右手持白酒；按照先宾后主、女士优先的原则，从客人右侧依次为客人倒酒；倒酒时酒瓶商标须面向客人，瓶口不准与杯口接触，以免有碍卫生及发出声响	
	5	白酒倒入客人酒杯的 4/5 处即可	
	6	拿起分酒器，将白酒倒入客人的分酒器中，斟倒完毕后将分酒器放置在客人面前，做"邀请饮酒"的手势	
	7	随时为客人的分酒器加酒	
	8	当整瓶酒快倒完时，需询问主人是否再加一瓶，如果主人不再加酒，及时将空酒杯撤掉	
	9	如主人同意再加一瓶，服务流程同上	

图 3–11 展示了中国白酒侍酒服务流程中的动作要领。

图 3-11　中国白酒的侍酒服务流程

拓展知识 | 中国白酒是不是越老越好？

　　对于这个问题不能够一概而论。首先，我们必须要先了解白酒在经过长期陈年后会发生什么样的变化。经过一段时间的储存，白酒的口感确实会变得更加醇厚、柔和、顺滑。这是因为酒中的酒精（乙醇）分子和水分子在陈年的过程中更加紧密地融合在了一起。这会减少酒精的刺激作用，从而使得酒液的口感变得更加绵柔。

　　然而酒精本身是一种挥发性物质，在陈年的过程中，酒精的含量会因挥发而减少，酒味就会变淡，酒的品质也会下降。所以一般来说，高度白酒比较适合陈年，而低度白酒不适合陈年。

3.5 中国黄酒的侍酒服务

黄酒是中国乃至世界最古老的酒精饮品之一。它在中国数千年的酒文化中，占据着极其重要的历史地位。提起黄酒，我们也许马上想到的是浙江绍兴。然而除了绍兴（绍兴老酒、状元红、女儿红）之外，全国其他地方也都有黄酒的生产，如房县黄酒、九江封缸酒、江苏金坛和丹阳的封缸酒、苏州同里红、无锡惠泉酒、江阴黑杜酒、张家港沙洲优黄、南通白蒲黄酒、吴江吴宫老酒、上海石库门老酒、安徽古南丰、鹤壁豫鹤双黄、湖南嘉禾倒缸酒、河南双黄酒、河南刘集缸撇黄酒、山东即墨老酒、福建老酒、广东客家娘酒、湖北老黄酒、陕西谢村黄酒和陕西黄关黄酒等，都是传承至今的人类酒水文化中的瑰宝。

ⓞ 任务 34 | 知识能力

了解中国黄酒的酿酒
材料和分类

建议学习方法
观察、记忆　3

3.5.1　中国黄酒的酿酒材料和分类

酿造黄酒的材料可以分为稻米和非稻米两种类型。稻米类黄酒的酿造原料包括糯米、粳米、籼米和黑米等；而非稻米类的原材料则包括黍米、玉米、荞麦和青稞等作物。

中国黄酒按照总含糖量来分类，可以分为四个等级，分别是：

（1）干型黄酒：总糖含量不高于 15.0 克 / 升，以绍兴状元红酒为代表。

（2）半干型黄酒：总糖含量在 15.1~40.0 克 / 升，以加饭酒为代表。

（3）半甜型黄酒：总糖含量在 40.1~100 克 / 升，以善酿酒为代表。

（4）甜型黄酒：总糖含量高于 100 克 / 升，以香雪酒为代表。

中国黄酒是我国江、浙、沪一带老百姓最常饮用的酒精类饮品之一。黄酒中的蛋白质含量为酒中之最，同时还含有丰富的无机盐和铁、铜、锌、硒、锰等多种微量元素。黄酒口味柔和、鲜甜清爽，既可以冰冻饮用，也非常适合加热饮用。黄酒与出产于阳澄湖的著名食材大闸蟹在口味上可以说是绝配。黄酒性温，蟹肉性寒，两者相互结合，不仅口感相宜，对健康也有大有裨益。自古吴楚之地便把品肥蟹、饮黄酒、赏秋菊、赋诗文作为一种闲情雅致的文化体验。

改革开放以来，我国的黄酒工业在变革中求生存。随着科技的进步，黄酒生产企业越来越走向成熟，一些著名品牌在市场上大放异彩。我国具有代表性的黄酒品牌包括会稽山、塔牌、古越龙山、上海金枫石库门老酒、惠泉和沙洲优黄、即墨老酒等。

<table><tr><td>任务 35｜技术能力</td></tr></table>

掌握中国黄酒温饮的侍酒服务流程

建议学习方法
记忆、实操　**3**

3.5.2　中国黄酒温饮的侍酒服务流程

如客人想要温饮黄酒，侍酒服务人员需为其提供温酒服务。中国黄酒温饮的侍酒服务流程如表 3-18 所示。

表 3-18　中国黄酒温饮的侍酒服务流程

技术任务		正确完成中国黄酒的侍酒服务	
准备工具		黄酒、酒杯、温酒壶、口布	
环节	步骤序号	技能控制点	评估
准备	1	为客人分发酒杯	
	2	从酒柜取出客人选定的黄酒，检查酒标是否破损，酒瓶是否出现漏液的情况；如果酒瓶有灰尘，用布擦拭瓶身，特别是当从恒温酒柜中取出的黄酒，在擦拭的过程中需小心防止瓶身的雾气弄脏或弄破酒标	
	3	主动询问宾客有无特殊要求，是否需要加热、冰镇，或者是否需要添加话梅、姜丝或其他配料	
展示	4	将口布折成 10~12 厘米的正方形，置于左手；左手承托瓶底，右手轻握瓶颈，呈45°角向主人（或点酒的客人）展示酒瓶，让其确定酒款是否正确（品牌、年份、净含量、酒精度）	
	5	征得宾客同意后即可开启酒瓶	
温酒	6	若宾客要求将黄酒加热，则告知宾客大致所需要的时间并请宾客稍候，通常所需时间为 10 分钟左右	
	7	根据客人的要求，将话梅、姜丝等配料放置入温酒壶的内胆中	
	8	将黄酒倒入温酒壶的内胆，在温酒壶中加入 80℃左右的热水，将内胆放置在温酒壶中 2~3 分钟	
	9	黄酒加热至 38℃左右为最佳	

（续）

环节	步骤序号	技能控制点	评估
斟酒	10	斟倒时，左手拿干净的服务口布，右手拿酒壶（酒瓶）	
	11	按女士优先、先宾后主的原则依次从宾客右侧斟酒	
	12	酒斟八分满，酒标始终朝向宾客	
	13	动作轻缓，避免酒中沉淀物泛起，影响酒的质量	
	14	随时为宾客添加，且要时刻使酒保持一定的温度	
	15	当整瓶酒快倒完时，需询问主人是否再加一瓶，如果主人不再加酒，及时将空酒杯撤掉	
	16	如主人同意再加一瓶，服务流程同上	

图 3–12 展示了中国黄酒温饮侍酒服务流程中的动作要领。

图 3-12　中国黄酒温饮的侍酒服务流程

1　为客人准备和分发黄酒酒杯

2　在温酒壶中加入 80℃左右的热水

3　将酒壶放入温水中约 2~3 分钟

4　将酒壶从温酒壶中取出，擦干水渍，开始斟酒

3.6　其他酒水的侍酒服务

任务 36｜技术能力

掌握白兰地的侍酒服务流程

建议学习方法
记忆、实操　**3**

3.6.1　白兰地的侍酒服务流程

　　白兰地可分为纯饮和加冰（或水）饮用两种方式，侍酒服务流程如表 3-19 所示。

　　图 3-13 展示了白兰地侍酒服务流程中的动作要领。

表 3-19　白兰地的侍酒服务流程

技术任务		正确完成白兰地的侍酒服务	
准备工具		白兰地、白兰地杯、杯垫、口布、水杯	
环节	步骤序号	技能控制点	评估
准备	1	为客人分发白兰地酒杯	
	2	如果是在酒吧服务，客人落座沙发，那么展示酒时应采用蹲姿服务，双手捧着酒瓶递送到主客面前	
	3	客人表示认可后，需要对客人进行询问是纯饮还是加冰饮用	
纯饮	A	A1: 斟酒量按 1/3 杯为标准（以白兰地杯横放酒液不溢出杯口为参考界限） A2: 按女士优先、先宾后主的原则依次从宾客右侧斟酒	
加冰或加纯净水	B	B1: 准备一小桶冰块和一瓶常温的纯净水，放置在客人面前的桌面上 B2: 提醒客人冰桶中的冰块和纯净水可以加入酒中，客人可根据自己需要的口感自行加冰或加水	

图 3-13　白兰地的侍酒服务流程

为客人准备白兰地酒杯　　　　斟倒白兰地，一般斟倒至杯身高度 1/4~1/3 的位置

3.6.2　威士忌的侍酒服务流程

　　威士忌的饮用方式较多，因此有多种侍酒服务方式。威士忌的侍酒服务流程可参考表 3-20 ~ 表 3-25。

表 3-20　威士忌的前段侍酒服务流程

技术任务		正确完成威士忌的前段侍酒服务	
准备工具		威士忌、威士忌杯（古典杯）、杯垫、口布、水杯	
环节	步骤序号	技能控制点	评估
准备	1	从酒柜取出客人选定的威士忌，检查酒标是否破损，酒瓶是否出现漏液的情况。如果酒瓶有灰尘，用布擦拭瓶身，特别是从恒温酒柜中取出的威士忌，在擦拭的过程中需小心因瓶身的雾气弄脏或弄破酒标	
	2	检查饮酒和侍酒服务器皿不得有缺口；不得有过往留下的痕迹或者清洗后洗洁精的痕迹	
	3	为客人分发威士忌酒杯	
展示	4	左手承托瓶底，右手轻握瓶颈，呈 45°角向主人（或点酒的客人）展示酒瓶，让客人确认其品牌、等级等信息	
	5	如果是在酒吧服务，客人落座沙发，那么展示酒时应采用蹲姿服务，双手捧着酒瓶递送到主客面前	
选择饮用方式	6	客人表示认可后，需要对客人进行询问饮用的方式（纯饮、冰饮不加冰块、加冰块或加纯净水，加冰球等）	

1. 威士忌常见饮用方式

表 3-21　纯饮威士忌的侍酒服务流程

技术任务	正确完成纯饮威士忌的侍酒服务	
准备工具	威士忌、威士忌杯（古典杯）、杯垫、口布、水杯	
步骤序号	技能控制点	评估
1	如果顾客是按杯购买，则按照本店规定的量为客人斟倒酒水	
2	如果顾客是按瓶购买，则一般每次按照 45~60 毫升的量进行斟倒	

任务 38 | 技术能力

掌握威士忌冰饮不加冰
的侍酒服务流程

建议学习方法
记忆、实操　　3

表 3-22　威士忌冰饮不加冰的侍酒服务流程

技术任务	正确完成威士忌冰饮不加冰的侍酒服务	
准备工具	威士忌、威士忌杯（古典杯）、杯垫、冰块石、口布、水杯	
步骤序号	技能控制点	评估
1	准备好经过冷冻的冰块石	
2	将冰块石放入威士忌杯中	
3	倒入威士忌	

图 3-14 展示了威士忌冰饮不加冰服务流程中的动作要领。

图 3-14　威士忌冰饮不加冰服务流程

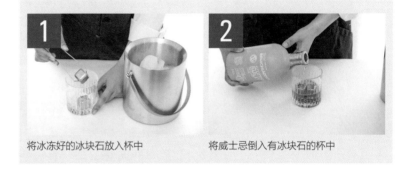

将冰冻好的冰块石放入杯中　　　　　将威士忌倒入有冰块石的杯中

表 3-23　威士忌加纯净水的侍酒服务流程

任务 39 | 技术能力

掌握威士忌加纯净水的
侍酒服务流程

建议学习方法
记忆、实操　　3

技术任务	正确完成威士忌加纯净水的侍酒服务	
准备工具	威士忌、威士忌杯（古典杯）、杯垫、口布、水杯、纯净水	
步骤序号	技能控制点	评估
1	准备一小桶冰块和一瓶常温的纯净水，放置在客人桌面上	
2	提醒客人冰桶中的冰块和纯净水可以加入到酒中，如果客人有需要，可根据自己需要的口感自行加冰或加水	

表 3-24　威士忌冰饮的侍酒服务流程

任务 40 | 技术能力

掌握威士忌冰饮的侍酒
服务流程

建议学习方法
记忆、实操　　3

技术任务	正确完成威士忌冰饮的侍酒服务	
准备工具	威士忌、威士忌杯（古典杯）、杯垫、口布、水杯、冰球	
步骤序号	技能控制点	评估
1	在吧台将准备好的冰球取出，冰球可用模具制作（如图 3-15 所示）或现场雕刻	
2	将制作好的冰球放入威士忌杯中	
3	倒入威士忌（如图 3-16 所示）	

图 3-15 冰球模具

图 3-16 在杯中放入冰球后倒入威士忌

任务 41 | 技术能力

掌握威士忌日本"水割法"侍酒服务流程

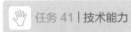
建议学习方法
记忆、实操 **3**

"水割法"（Mizuwari）是日本人发明的一种饮用威士忌的方法。通过在威士忌中加冰加水，使得威士忌的口感变得更加柔和，香气更加芬芳飘逸。由于经过正统水割法处理的威士忌，口感确实变得十分清淡，因此加冰和加水的量最好与客人事先沟通后再行操作。

"水割法"与日本"汤割法"相对应。"汤割法"指的是在烈酒（主要为烧酒）中加入热水饮用的方式。"水割法"的侍酒步骤如表 3-25 所示。

表 3-25 威士忌"水割法"侍酒服务流程

技术任务	正确完成威士忌"水割法"侍酒服务	
准备工具	威士忌、海波杯、冰球或者冰块、子弹杯或者量杯、杯垫、口布	
步骤序号	技能控制点	评估
1	准备干爽洁净的海波杯一个	
2	准备好冰球或与冰球大小相仿的冰块三块	
3	将第一块冰块放入杯中，倒入 30 毫升的威士忌，倒入 15 毫升纯净水，用吧匙进行搅拌三到五次	
4	将第二块冰块放入杯中，倒入 30 毫升纯净水，继续用吧匙进行搅拌三到五次	
5	将第三块冰块放入杯中，再倒入 30 毫升纯净水，用吧匙进行搅拌数次至杯壁起雾即可	

任务 42 | 技术能力

掌握威士忌"1 达姆""1
个手指""2 个手指"和
"1 杯"的倒酒量

建议学习方法
记忆、实操   3

2. 威士忌倒酒的量

传统苏格兰威士忌的侍酒服务中，常会以一些约定俗成的单位来表达倒酒的数量，比如：

（1）A dram（1 达姆）：约等于 1.5 液量盎司（fluid ounce[fl oz]），即约 45 毫升（如图 3-17（1）所示）。

（2）A finger（1 个手指）：约等于 1 液量盎司，即约 30 毫升（如图 3-17（2）所示）。

（3）Two fingers（2 个手指）：约等于 2 液量盎司，即约 60 毫升（如图 3-17（3）所示）。

（4）A glass（1 杯）：由每个店家根据自己销售的价格进行设定，一般为 1.5~2 液量盎司，即约 45~60 毫升。

由于威士忌经常会分杯销售，且某些品牌的威士忌价格较高，因此侍酒师倒少或者倒多都有可能会引起客户的不满或者门店的亏损。如果侍酒师对于倒酒量没有办法精准掌握，那么建议使用量杯进行测量后再进行斟倒。

白兰地和威士忌都是在酒吧中常见的烈酒饮品。在酒吧中，如果客人落座沙发，那么为客人斟酒时应采用蹲姿进行服务。同时，在斟倒完第一杯后，侍酒师应该在客人身旁稍等片刻。在朋友聚会等场景下，第一杯酒一般会较快饮用完毕，这个时候需要马上为客人斟倒第二杯酒。

图 3-17　威士忌倒酒的量

A dram（1 达姆）的量

A finger（1 个手指）的量

Two fingers（2 个手指）的量

任务 43 | 技术能力

掌握日本清酒温饮的侍
酒服务流程

———————
建议学习方法
记忆、实操　　　　**3**

 任务 44 | 技术能力

掌握日本清酒冰饮的两
种侍酒服务方式

———————
建议学习方法
记忆、实操　　　　**3**

3.6.3　日本清酒的侍酒服务流程

表 3-26　日本清酒的侍酒服务流程

技术任务		正确完成日本清酒的侍酒服务	
准备工具		冰酒、日本清酒杯、温酒壶或冰酒壶、口布、冰桶	
环节	步骤序号	技能控制点	评估
准备	1	从酒柜取出客人选定的清酒，检查酒标是否破损，酒瓶是否出现漏液的情况。如果酒瓶有灰尘，用布擦拭瓶身；从恒温酒柜中取出的清酒，在擦拭的过程中需小心瓶身的雾气弄脏或弄破酒标	
	2	检查饮酒和侍酒服务器皿不得有缺口；不得有过往使用或者用洗洁精清洗留下的痕迹	
	3	为客人分发酒杯	
服务	4	将口布折成 10~12 厘米的正方形，置于左手。左手承托瓶底，右手轻握瓶颈，呈 45° 角向主人（或点酒的客人）展示酒瓶，让其确定酒款是否正确（品牌、年份、净含量、酒精度）	
	5	主动询问客人是需要温饮还是冰饮	
温酒	1	若客人温饮，服务员须告诉客人清酒需要加热的时间，请客人等候，准备时间通常为 10 分钟左右	
	2	将清酒倒入温酒壶的内胆，在温酒壶中加入 80℃ 左右的热水，将内胆放置在温酒壶中	
	3	约 2~3 分钟后，清酒的温度可达到最佳饮用温度，即 40~45℃ 之间（如图 3-18 所示）	
冰酒	A	准备冰桶，在冰桶中加水和冰（水和冰的比例是 2：3），冰水不能超过 7 分满；把酒瓶斜插于冰桶中，放在侍酒桌上，冰桶上放置一块口布（如图 3-19 方法 A 所示）	
		在冰桶下放置一个平底碟，防止冰桶外凝结的水滴滴落到桌面	
	B	或将清酒倒入清酒专用冰酒器中，在冰酒器中加入冰块（如图 3-19 方法 B 所示）	

在温酒壶中加入 80℃左右的热水　　　将酒壶放入温水中约 2~3 分钟　　　将酒壶从温酒壶中取出，擦干水渍，开始斟酒

图 3-18　日本清酒温饮的侍酒服务

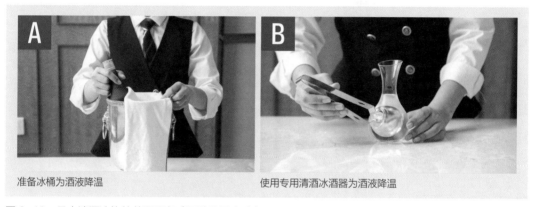

准备冰桶为酒液降温　　　　　　　　使用专用清酒冰酒器为酒液降温

图 3-19　日本清酒冰饮的侍酒服务（两种降温方式）

3.7 突发状况的处理

任务 45 | 沟通能力

能够处理"客人点单后发现库存中的产品品相不佳"的突发状况

建议学习方法
记忆、场景模拟

3.7.1　客人点单后发现库存中的产品品相不佳

如果遇到库存中的酒品品相不佳，如酒标有所破损或酒帽残缺不全等情况，应该尽早与客人进行沟通。在沟通的过程中应该主动描述破损的状况，并解释该破损状况不会影响酒水的品质。如果客人执意不接受破损的包装，则建议客人更换另外一款可以替代的酒水。在这种情况下，侍酒师可以说：

"先生 / 女士您好，刚才在为您准备酒水的时候发现库存中的这款酒品相都有一定的瑕疵，但是品质不会有问题，不知道您是否能够接受？"

如果客人表示不愿意，侍酒师经过再次确认后仍然无法找到品相过关的产品，侍酒师可以建议客人选择其替代品：

"先生 / 女士您好，很抱歉，我刚才已经为您确认过，这瓶酒的品相是目前我们这个品牌酒库存中最好的了，如果您觉得不称心，您看看能否考虑一下 ×××，这款酒跟您选的这款酒在口感上很类似，也是一款非常不错的酒。"

3.7.2　打开瓶帽后，发现瓶口处已经发霉

当打开瓶帽后，瓶口处如果有发霉的情况，一般都会引起客人的不满。一些老酒，由于储存条件潮湿，容易在酒塞与酒帽之间产生发霉的情况，如图 3-20 所示。由于发霉的部位处于瓶口（软木塞与锡箔内部之间），对于酒液品质没有太大的影响。遇到这种情况，应该及时跟客人进行解释，如客人能够接受，侍酒师应该用干净的口布对瓶口进行擦拭，待擦拭干净后即可开瓶饮用；如客人不接受解释，侍酒师可向上级汇报实际情况，并由上级提出问题的解决方案。在这种情况下，侍酒师可以说：

"您看这样，如果您需要更换一瓶葡萄酒，我这里恐怕没有这个权限。不如我让我们经理过来处理一下，他的意见肯定比我更加专业，相信他一定会给您一个满意的答复。"

3.7.3　客人在饮用葡萄酒时认为酒液已经变质

如有客人在饮用葡萄酒时，认为酒液已经变质，这时侍酒师应做到以下三点：

（1）听取客人反馈的意见。

（2）隔离酒液，与具备更深葡萄酒知识的主管进行沟通。

任务 46 | 沟通能力

能够处理"打开瓶帽后，发现瓶口处已经发霉"的突发状况

———————

建议学习方法
记忆、场景模拟　　4

图 3-20　剥开锡帽后发现软木塞的顶部有发霉的情况

任务 47 | 沟通能力

能够辨识葡萄酒的异常状态并处理相应的状况

———————

建议学习方法
记忆、场景模拟　　4

（3）确认酒液变质后，为客户更换酒款。

酒液变质的判断标准一般为：①酒液呈絮状浑浊状态，基本可以判断酒液已经变质且基本无法挽回；②酒液的气味出现客户难以理解的异常的气味，此时应该经过专业的分析，来判定这款酒是否处于"变质"状态，以及如何对其进行处理。葡萄酒常见的异常状态及处理办法如表 3-27 所示。

表 3-27　葡萄酒常见的异常状态及处理办法

气味	产生的原因	处理方式
臭鸡蛋味	二氧化硫超标，或者因为长期的瓶内储存，二氧化硫转化为硫化氢而产生的味道	尝试用醒酒器进行醒酒处理，待一段时间后有可能会随酒精挥发掉
醋味、胶水味	酒塞密闭性差，酒液与空气进行接触后发生氧化	基本无法挽回
土腥味、腐烂的湿纸皮味	由于软木塞与酒液长期接触后被腐蚀，被腐蚀后的软木塞对酒液进行污染	基本无法挽回
酱油、动物皮毛、腐臭味	由特殊的酵母在发酵的过程中产生，并有可能会随着酒液的陈年时间的延长而加重	尝试用醒酒器进行醒酒处理，待一段时间后有可能会随酒精挥发掉

 任务 48 | 沟通能力

能够处理酒杯掉地破碎的突发状况

建议学习方法
记忆、场景模拟　**4**

3.7.4　客人酒杯不慎掉地打碎

（1）首先询问客人是否受伤。

（2）如客人受伤应立即通知店长进行处理。

（3）让客人挪开位置，以便打扫。

（4）用工具清理玻璃碎和酒液的污渍。

（5）为客人换取新酒杯。

（6）为客人重新倒酒。

（7）如餐厅有规定需要客人对其打碎的酒杯进行赔偿，那么请店长出面解释。

 任务 49 | 沟通能力

能够处理酒水打翻并浸染到衣物的突发状况

建议学习方法
记忆、场景模拟　**4**

3.7.5　红酒打翻并浸染到衣物

（1）如果是服务人员造成的，应第一时间向客人道歉。

（2）切勿贸然用任何清洗工具或化学物品在现场为客人清洗污渍。

（3）向客人表示可以由本店代为清洗衣物。

（4）如情况严重，应主动寻找店长介入与客人进行沟通。

（5）如是客人自己造成的情况，则应告知客人酒渍清洗的办法。

3.7.6　客人希望购买的葡萄酒已经售罄

（1）向客人表示歉意。

（2）在与客人沟通之前想好推荐替代的方案。

（3）向客人推荐替代的方案。

话术："先生 / 女士您好，非常抱歉，您挑选的这款酒我们刚刚售罄。我们店里还有一款酒跟您选择的这款酒比较类似，也很受欢迎，您是否愿意尝试一下？"

3.7.7　客人在饮用酒水后出现头部晕眩、干呕、身体过敏、起疹等情况

（1）先对客人不适表示关切。

（2）劝阻客人，让其不要再继续饮用酒水。

（3）为客人提供温热的白开水。

（4）若客人坚称是因为酒水质量而造成的身体不适，则应该协同门店经理，向客人耐心解释酒水进货渠道和来源的正规性，表达对质量的信心。

3.7.8　客人醉酒

（1）要劝阻醉酒的客人继续饮酒，可以采用"您已经喝得够多的了""您已经不能再喝了"等劝阻性的话语。

（2）可以为醉酒的客人提供一些非酒精类的饮品，或者播放音乐来分散其注意力。

（3）在无法劝阻甚至发生肢体冲突的时候，让其朋友或者熟悉的人来进行劝阻。

（4）给醉酒的客人喝水。水能够稀释血液中的酒精从而加速解酒的过程；同时，酒会导致身体进入脱水状态，因此迅速补充水分会让醉酒的人在第二天感觉相对较好。

（5）在稍事休息后，进食少量清淡的食物，比如饼干、吐司或粥来补充身体的能量。

（6）尽量避免给醉酒的人饮用咖啡。因为咖啡因会导致脱水从而减缓血液中酒精稀释的进度。如果害怕宾客会在餐厅睡着，可以给他饮用一小杯咖啡，但是要确保在饮用咖啡后迅速饮用清水，以防止出现脱水的情况。

（7）不要诱导酒醉的人呕吐。呕吐非但不会减少血液中的酒精含量，反而会导致脱水。如果身体进入脱水状态，那么身

体将需要更长的时间来稀释血液中的酒精。然而当胃中的酒精过多，呕吐是一种自然的条件反射。如果宾客有呕吐的需要，那么最好有专人陪同和搀扶，以防止其摔倒或弄伤自己。

（8）查看是否有酒精中毒的征兆。如果醉酒客人的肤色变得苍白、体温下降、冒冷汗，或者呼吸困难甚至失去知觉，那么说明已经有酒精中毒的征兆，这个时候应该马上呼叫救护车并送医急救。

（9）一旦酒精进入血液循环，唯一的解酒方式就是给醉酒的人足够的时间，让肝脏逐渐化解酒精。因此即使醉酒后的客人开始感觉清醒，也不能够让其独自行动或者驾驶汽车。因为这个时候酒精仍然停留在血液当中。对于许多人来说，即使经过一个晚上的休息，血液中依然还残留有相当比例的酒精含量。

技能考核

1. 餐桌服务技能考核

1.1　说出中餐宴会中主人位、主宾位所在的位置。

1.2　说出西餐宴会中主人位和主宾位所在的位置。

1.3　说出在一场有开胃菜、头盘、鱼肉、牛肉和甜品的西式宴会中，不同种类的酒水的出场顺序。

2. 葡萄酒侍酒服务技能考核

2.1　拿出一瓶葡萄酒，参照表 3-6 逐项对其进行上桌前的品相检查。

2.2　说出不同类型葡萄酒的最佳饮用温度。

2.3　参照表 3-8 标准，用海马刀开瓶器开启一瓶用软木塞封瓶的葡萄酒。

2.4　参照表 3-9 标准，熟练完成软木塞封瓶红葡萄酒的侍酒服务流程。

2.5　参照表 3-10 标准，熟练完成软木塞封瓶白葡萄酒的侍酒服务流程。

2.6　参照表 3-11 标准，熟练地打开一瓶螺旋盖封瓶的葡萄酒。

2.7　参照表 3-12 标准，熟练地打开蜡封的葡萄酒。

2.8　参照表 3-13 标准，熟练完成起泡型葡萄酒的侍酒服务流程。

2.9　参照表 3–14 标准，熟练地用醒酒器对老年份葡萄酒进行滗酒。

2.10　参照表 3–15 标准，熟练地用醒酒器进行醒酒。

2.11　参照表 3–16 标准，使用 Ah-So 开瓶器开启一瓶葡萄酒。

3. 中国白酒侍酒服务技能考核

3.1　说出白酒的最佳饮用温度。

3.2　熟练地使用白酒分酒器为客人提供分酒服务。

3.3　参照表 3–17 标准，熟练地完成白酒的对客服务流程。

4. 中国黄酒侍酒服务技能考核

4.1　说出黄酒常温饮用的最佳饮用温度。

4.2　说出黄酒温饮饮用的最佳饮用温度。

4.3　参照表 3–18 标准，熟练地完成黄酒的对客服务流程。

5. 白兰地侍酒服务技能考核

5.1　说出白兰地的最佳饮用温度。

5.2　参照表 3–19 标准，熟练地完成白兰地纯饮的侍酒服务流程。

5.3　参照表 3–19 标准，熟练地完成白兰地加冰或加纯净水的侍酒服务流程。

6. 威士忌侍酒服务技能考核

6.1　说出威士忌的最佳饮用温度。

6.2　参照表 3–20 和表 3–21 标准，熟练地完成威士忌纯饮的侍酒服务流程。

6.3　参照表 3–20 和表 3–22 标准，熟练地完成威士忌冰饮不加冰块的侍酒服务流程。

6.4　参照表 3–20 和表 3–23 标准，熟练地完成威士忌加纯净水的侍酒服务流程。

6.5　参照表 3–20 和表 3–24 标准，熟练地完成威士忌冰饮的侍酒服务流程。

6.6　参照表 3–20 和表 3–25 标准，熟练地完成威士忌"水割法"的侍酒服务流程。

7. 日本清酒侍酒服务技能考核

7.1　说出日本清酒常温饮用的最佳温度。

7.2　说出日本清酒温饮饮用的最佳温度。

7.3　说出日本清酒冰饮饮用的最佳温度。

7.4 参照表 3-26 标准，熟练地使用温酒壶为客人提供温酒
    服务。

7.5 参照表 3-26 标准，熟练地使用清酒冰酒壶为客人提供冰
    酒服务。

8. 危机处理技能考核

8.1 能够根据气味辨别葡萄酒是否变质。

8.2 懂得正确处理客人醉酒的情况。

8.3 如果客人认为所饮用的酒水口感与其平时饮用的同款酒的
    口感不相符，坚称该酒为"假酒"，你应该如何应对？

思考与实践

1. 说说你曾经体验过的，服务人员的服务态度和服务水平让你
   印象深刻的餐厅。

2. 在餐厅就餐时，你是否会因为服务人员拙劣的服务能力而感
   到不满，并且有"下次不再来消费"的想法？

3. 说说除了餐厅以外，其他能够运用上侍酒服务技能的工作或
   生活场景。

单元 4

佐餐酒水的餐酒搭配

内容提要

酒水与美食相结合更能够体现出其中的美妙。本单元主要讲解的是餐酒搭配的方式，同时根据不同类型菜式或食材的特点给出配酒的建议。餐酒搭配其实没有固定的范式，本单元提出的餐酒搭配方案仅供参考，学习者需要结合自身生活经验活学活用。

4.1 餐酒搭配概述

　　餐酒搭配是侍酒师每天都必须面对的工作。从狭义上讲，"餐酒搭配"是指葡萄酒与菜品之间在口味上的搭配。侍酒师的职责是寻找最佳的搭配方案，并将其推荐给客户。而广义上的"餐酒搭配"，是指酒水与餐厅其他就餐元素之间的搭配，其中包括了就餐的宾客类型、就餐的目的、就餐的预算、就餐的季节等诸多方面的因素。餐酒搭配本身是餐厅酒水服务的一个环节。既然是"服务"，那么就是以实现客人最大满意度为宗旨。

　　从科学的角度分析，酒的味道与食物的味道之间，确实存在一些符合"大众口感取向"的搭配方式。比如一般人都不喜欢"尖酸"的口感，那么如果我们把红葡萄酒与口感偏甜的食物进行搭配，红葡萄酒会变得更加"尖酸"，从而让大部分人感觉不适。接下来，我们虽然也会探讨一些推荐的餐酒搭配的方法，甚至会针对不同的菜系和菜式给出一些"我们认为好的"建议。然而这些"方法"和"建议"都不应当成为禁锢侍酒师想象力的枷锁。侍酒师应该在工作中，通过多与客人进行交流、亲身体验等方式，积累更多的实战经验，从而把适合餐厅菜式的餐酒搭配方案总结出来并推向市场。

　　餐酒搭配从来不存在任何的定律或者公式。餐酒搭配属于餐厅服务中的一个环节，而餐厅服务的第一要义，就是要懂得尊重并满足客人的个人喜好。比如从口感搭配的角度考虑，我们一般不会推荐清蒸类的海鲜与口感浓郁的红葡萄酒进行搭配。但是如果客人确实钟爱红葡萄酒，我们又何必去说服其放弃自己的喜好呢？又比如在某些特定的应酬场合，客人看重的也许是酒水的品牌，而不怎么考虑口感的因素。因此作为侍酒师，我们可以根据专业的知识向客人推荐一两款葡萄酒，然而切记不能将自己的个人偏好强加给客人。真正的餐酒搭配，是要结合口感匹配、消费能力、消费场合和消费人群等多方面因素才做出的综合考量。

4.1.1　侍酒师在餐酒搭配中所发挥的作用

　　作为侍酒师，我们不是必须知道全世界所有酒的口感风格才能够做好餐厅的餐酒搭配工作。这种要求当然也是不切实际的。然而，要做好餐酒搭配的工作，侍酒师必须要做到：

（1）对本店所选择的酒水口感和风格有全面的了解。

（2）对本店的酒水库存以及达到适饮程度的产品了如指掌。

（3）懂得与厨师团队进行沟通，并对本店主要菜品、食材、烹饪方式和酱料全面了解。

（4）根据餐酒搭配的原则，事先做好与主要菜品相关的酒水推荐清单。

（5）掌握到店消费人群的具体特征以及不同类型客人的饮酒习惯。

（6）懂得分析不同类型消费人群的就餐目的以及与不同就餐目的相匹配的酒水产品。

4.1.2　餐酒搭配是一个复杂的体验和总结过程

抛开其他影响宾客选择酒水的因素，如果我们只把注意力集中在菜式的口味与酒水口味的匹配上，我们是否能够找出一套符合"大众口感"的餐酒搭配方式？

对于餐酒搭配方法的讨论，是一个宏大而艰巨的任务。因为我们要在数不胜数的排列组合中找出最适合的搭配。很多人尝试着从菜式与酒水的碰撞中寻找规律，然而一些看似能够成为"规律"的搭配方法又经常会被一些特殊的情况所否定。比如很多人会认为白肉配白酒，红肉配红酒是一个放之四海而皆准的定律。然而当我们变化了烹饪的手法，或者使用不同类型的酱料，所得出来的结论会与我们所预期的结果相去甚远。

在用餐的整个过程中，不同品类酒水的不同的口味和酒精度等特点，能够给宴席带来不同的辅助作用。按照一些长期以来形成的服务方式，侍酒师在餐前、餐中和餐后都会向客人推荐一些特定类型的酒水。这些服务方式有些起源于欧洲的餐桌服务文化，在与中国的餐桌文化相结合的时候，侍酒服务人员需更多地从中国消费者用餐习惯和饮酒方式的角度进行推荐和服务。

4.1.3　餐厅需要传递给客户的三个信息

如果餐厅希望酒水的销量好，那么在选酒方面一定要下足功夫。经过专业人士推敲的酒单，能够树立餐厅在餐酒搭配方面的专业形象，并说服客人在餐厅用餐时购买酒水。在餐酒搭配方面，餐厅应该向客人传递的信息是：

（1）"本店所销售的酒水，是本店酒水管理团队经过与本店的厨师团队、侍酒师服务团队和 VIP 客户代表通过充分考虑本店提供的菜式口味和风格而做出的专业选择。"

（2）"本店并不反对客人自带酒水到餐厅消费，然而客人自带的酒水，未必一定适合与本店的菜式口味进行搭配。"

（3）"如果客人认为有比本店选酒更加适合本店菜式搭配的酒水选项，欢迎与餐厅服务团队交流。"

以上三个信息，第一条表明了本店在选酒方面具有专业的方式；第二条表明客人无须自带酒水到餐厅消费；第三条表明餐厅持开放态度与客人进行沟通，同时本店酒单并非一成不变，本店也希望发掘更多适合餐厅菜式搭配的酒水。只有传递专业的形象，并且秉承开放的态度，才会逐渐树立起餐厅的专业形象，让更多的客人购买餐厅推荐的酒水。

4.1.4　餐酒搭配让中华美酒美食文化走向世界

对美酒和美食的欣赏是全人类共同的爱好。通过将全球各地美酒与本地美食相结合，可以谱写一篇又一篇让人流连忘返的味蕾乐章。中华美食文化源远流长，在与全球各地美酒的搭配和融合的过程中，来自全球各地的美食爱好者能够深入体验其中变化万千的味觉体验，了解博大精深的中华美食传统文化和礼仪。

餐桌文化是一个国家品牌形象和软实力的重要组成部分。因此侍酒师不仅要了解酒水和酒水服务的专业知识，还要对中国不同地域的菜系进行深入了解；同时要善于在工作的过程中，通过餐酒搭配的方式，将中国菜品的口感特点、烹饪方式、食材产地、背景文化以及与不同美酒搭配后的美妙之处向国内外客人进行推介，展现出专业服务人员在工作过程中的文化自信和自豪。

4.2　餐酒搭配的基本原理

👁 任务 53 | 知识能力

了解餐酒搭配的
基本原理

建议学习方法
观察、记忆　②

4.2.1　根据用餐的不同阶段进行餐酒搭配

餐酒搭配的目的，从口感上说，就是要使酒水对于用餐有一定的促进作用。比如在西餐中，一般会设有餐前酒、餐中酒和餐后酒，目的就是调节就餐时的胃口变化。比如餐前需要开胃，因此会建议客人饮用一些口感偏酸的开胃酒；在餐中则会注重与菜品的口感搭配，使酒水和菜品之间达到一种美妙的融合状态；餐后则会选择一些解腻和促进消化的酒水。

1. 餐前酒：适合用于开胃的酒

用于开胃的餐前酒一般会口感偏酸。它们会刺激客人的味蕾和消化系统，促使胃酸分泌，从而让宾客开始产生胃口甚至是饥饿感，帮助客人提升食欲。开胃酒的选择一般会推荐：

（1）鸡尾酒，一些口感偏酸的鸡尾酒，如莫吉托（Mojito）、玛格丽特（Margarita）等。

（2）干型的起泡酒，如香槟（Champagne）、卡瓦（Cava）、干型的普罗塞克（Prosecco）和其他类型的起泡酒。

（3）干型的白葡萄酒，如使用霞多丽、长相思等葡萄品种酿造的酸度较高的白葡萄酒。

（4）干型桃红葡萄酒。

餐前酒不仅能够帮助客人开胃，还能够在用餐开始前令交谈氛围变得融洽，拉近人与人之间的距离，让人们迅速融入一个和谐的氛围。在西餐中，有迎宾酒（Welcome Drink）和开胃酒（Aperitif）两个饮酒环节。迎宾酒一般是在宾客还没有入座前饮用的酒，通常为鸡尾酒或者起泡酒（如图 4-1 所示）；开胃酒则是在宾客上桌后，配合开胃菜饮用的酒，一般为干型的起泡酒、白葡萄酒、桃红葡萄酒等类型。在中式的宴会中，一般不会设置餐前酒和开胃酒环节。在入座前，一般只会提供茶水服务，而酒水一般要等到所有客人入座后才进行斟倒。

2. 餐中酒：适合用餐过程中饮用的佐餐酒

适合佐餐的酒一般都是度数较低的酒，不会因为强烈的酒精刺激而掩盖了菜式的口感。同时适合佐餐的酒一般酸度较高，这样有利于在就餐的过程中持续地保持食欲。正式的西餐中最后一道菜往往会提供精致的甜品，因此会建议用甜型的葡萄酒或者酒精度较高的酒与其搭配。甜型葡萄酒酸度较高，可以化解甜品带来的甜腻口感。根据不同菜式口感特征的搭配，常见的配餐酒有：

①白葡萄酒；

②红葡萄酒；

③干型和清爽型的黄酒；

④半甜型或者甜型的葡萄酒（贵腐酒、冰酒）；

⑤半甜型、甜型的黄酒（花雕酒、香雪酒）；

⑥酒精加强型酒（波特酒、雪莉酒、法国天然甜酒）。

图 4-1　宴会等待区摆设鸡尾酒、起泡酒等酒水作为迎宾酒

在中国，白酒和白兰地也常被当做佐餐用酒。这与中国的酒桌文化有一定的关系。白酒和白兰地都属于高度数酒。在佐餐的过程中，酒精的浓度会对口腔和食道产生较强烈的刺激。对于一些酒精耐受程度高的客人，烈性酒与餐食的搭配是可以接受的；而对于那些酒精耐受程度低的客人，则在考虑味蕾感受的同时，还要考虑是否会因酒精过量而产生不适反应。

3. 餐后酒：适合用餐后饮用的酒

当所有的菜式已经用完，侍酒师一般都会建议性地问客人是否需要一小杯白兰地或者威士忌作为收尾。高度数的酒可以起到微醺和助眠的作用，所以在晚餐结束的时候比较受客人的喜爱。适合用于餐后饮用的酒有：

①白兰地（干邑、雅文邑、卡尔瓦多斯、中国烟台等）；

②威士忌（苏格兰威士忌、美国波本威士忌、日本威士忌等）。

在了解完用餐的不同阶段应该搭配什么品类的酒水后，我们可以进入更加详细的关于菜式与酒如何搭配的讨论。餐酒搭配是一个复杂的体系。在欧洲传统的高级餐厅，酒单往往十分丰富，这主要针对的是对葡萄酒和本地烈酒非常熟悉且高消费的客户群体。在一些奢华的餐厅，客人往往会为每一道菜搭配一款葡萄酒。而在大众消费的餐厅，这种一道菜搭配一款酒的情况并不常见，通常是一款白葡萄酒搭配头盘和前菜，一款红葡萄酒搭配肉类主食是大多数人可以接受的选择。

4.2.2 本地菜配本地酒

世界上许多知名的葡萄酒产地同时也是美食之乡。在这些地方的餐厅中，大部分餐与酒的搭配都是在本地菜与本地酒之间进行。比如在波尔多的餐厅，大部分选酒或者主推的葡萄酒肯定是产自波尔多本地的产品。即使是有来自其他产地的产品，也只是酒单中的一个配角。并没有研究表明，本地菜与本地酒在口感的匹配上肯定要优于与其他产地酒水的搭配。这种搭配方式更多是基于当地人对于本地物产的情感和希望在餐桌上强化本地美食文化色彩的动机。此外，本地菜配本地酒也能够提高进货采购物流的便利性与采购成本的把控度。

4.2.3 食材本身无法完全决定餐酒搭配

首先我们要了解的是，如果只是讨论食材本身，我们是无法得出任何关于餐酒搭配的结论的。因为任何食材在被食用前都要经过或简单或复杂的加工程序。抛开那些需要经过复杂料理过程的菜式不说，即使是生吃的刺身，在品尝的时候，也通常建议与某些酱汁进行搭配。食材、烹饪方法、酱汁、配菜这四者结合在一起，可以将一种食材变化出无数种口味各异的菜式来。在这种充满变数的情况下，我们又怎么能够轻率地说，某一种食材应该搭配什么口感类型的酒水呢？

如果仅从食材的角度出发去讨论餐酒搭配，这显然是行不通的。那么我们需要尝试着从菜品的口味出发，去寻找一些餐与酒搭配的"规律"。例如：口感偏甜的菜式，应该配以一些酒精度较高、口感厚重且酸度较低的葡萄酒；以"鲜味"为主的菜式，应该搭配一些口感清淡、酸度较高的白葡萄酒；口感辛辣、刺激的菜式，则建议搭配一些需要冰镇饮用的半干、半甜型葡萄酒。然而上述这些所谓的"规律"也不应该是一成不变的，应该根据不同地域、不同人群的喜好而做出相应的调整。在这里，我们只能通过总结一些我们在实践中的经验，将大部分客人喜好的方式总结出来与大家分享。

从大的方向来说，我们可以有几种餐酒搭配的模式。其中最重要的也是最常见的，是根据菜系进行餐酒搭配。因为菜系本身具有地域特性，这种地域特性决定了当地常用的食材、特殊的口味和传统的烹饪手法。因此所呈现出来的大部分菜式在口味上会有一定的共性。而餐酒搭配则是根据这个共性进行选择的。其次，我们还可以根据一些"单品"，即餐厅的主打食材特点，以及根据当季的特色菜式来进行匹配酒水的选择。

4.3　中式餐厅的餐酒搭配

中式餐厅的餐酒搭配逻辑与欧洲餐厅的餐酒搭配逻辑不尽相同。首先，在中式餐厅中，由于菜不是按"道"上，且通常情况下也不会分碟上，加上菜式不同、口味各异，因此无论是餐厅配酒还是客户选酒都有一定的难度；其次是因为我们的菜式制作方式多样复杂，食材丰富，口味更是千差万别。因此，很难用一套既定的或标准的餐酒搭配模式去为餐厅配置葡萄酒和烈酒。

在中餐中，与其杂乱无章地去讨论每一款菜式的最佳配酒方案，还不如从中国的几大主流菜系出发，将其中最具有代表性的菜式提炼出来，结合菜式的食材、烹饪方法和口味这三个维度，来考量与之搭配的佐餐酒的风格。

每个菜系流派中的主流菜式，往往会使用当地最有特色的或者最名贵的食材，并结合当地传统的烹调方式制作。这些菜式在经过不同餐厅厨师的个性化演绎之后，又呈现出许多不同的风格和口味，从而形成了每家风味餐厅的主打菜式。这些主打菜式是吸引客人到店消费的主要卖点，当客人需要点酒时，也大多是围绕这些主打菜式的口味进行挑选的。

中国的菜系流派众多，如果要进行细分，真的是不胜枚举。这里我们从中国的几大主流菜系着手，寻找最具特色的主打菜式进行分析，结合我们工作中收集到的客人关于餐酒搭配方案的反馈，做出一些餐酒搭配的建议。我们建议是从餐厅运营和客人预算的角度出发，对推荐酒款以价格高低的形式进行分类，分为可以被大多数客人接受的"实惠之选"和价格较高、风格特点明显的"优享之选"两个层次。

4.3.1　粤菜的餐酒搭配

"粤菜"的概念十分宽泛。狭义的粤菜指的是"广府菜"，而广义的粤菜还包含了潮州菜和客家菜。粤菜的烹饪手法源自中原，结合岭南当地特色食材和气候特点，最终形成了一套完整的菜式体系。"食不厌精、脍不厌细"是对粤菜最恰当的描述。粤菜的烹饪手法复杂精妙，对于食材的要求极其严格，口味相对清淡，注重突出食材原本的味道。即使是使用酱汁，也偏爱使用鲜味浓郁的蚝油、海鲜酱油等作为佐料。同时，粤菜食材中海鲜和禽类是重点。

（1）海鲜河鲜类（清蒸鱼类、清蒸贝类、白灼虾类、顺德菊花鱼生、生蚝）。广东沿海地区海产丰富，加之珠江流域以及珠江三角洲地区河网密布，因此鱼类、贝类、虾类海鲜及河鲜等食材非常丰富。此外广东珠三角地区经济发达，对外贸易繁荣，许多来自国外的进口海鲜食材供应也相当丰富。粤菜中海鲜的烹饪手法通常以清蒸、水煮、白灼等方式居多。这些方式保留了食材原本的鲜美，突显了食材的价值。比如鱼类的烹调方式通常以清蒸为主，并配以经过特殊炮制的味道鲜美的蒸鱼豉油和葱花、姜丝、榄角等用于提鲜的佐料，如图4-2所示。更有甚者，如广东顺德地区的菊花鱼生则是以生鱼片刺身的形式呈现的，配以蒜片、姜丝、葱丝、洋葱丝、椒丝、豉油、花生碎、芝麻、指天椒、香芋丝、炸粉丝等十几种佐料相伴，其宗旨也是在于吃出河鱼的鲜美口感。众所周知，搭配生鲜口感的酒水，一般以口感清雅的白葡萄酒为主。来自寒冷地区的雷司令、霞多丽和以长相思酿造的白葡萄酒都是搭配高档海鲜食材的首选。

（2）禽鸟类（经典菜式：白切鸡、卤鹅、烧鹅、禄鹅、乳鸽）。禽鸟类食材是粤菜中非常常见的食材。广东人有"无鸡不成宴"的说法。对于鸡肉的烹调方式更是层出不穷。白切鸡、玫瑰豉油鸡、盐焗鸡、葱油淋鸡等菜式是各种宴会中最受欢迎的菜式。除鸡肉外，广式烧鹅（如图4-3所示）也驰名海内外，烧鹅出品的质量可以说是检验一家传统粤菜餐厅水准的重要考量因素。此外，乳鸽也是粤菜中常见的禽鸟类食材，烹调方式多种多样，有红烧、盐焗、鲍汁焖烧等做法。由于粤菜中非常注重禽类食材的品质，要求肉质嫩滑有弹性，且肉质鲜香自然，因此也要求在烹饪过程中将食材的特点呈现出来，所以一般不会使用浓郁的酱料。一般酱料以鲜味为主，常用姜葱、豉油、耗油等佐料作为酱料，与这种菜式搭配的酒水建议以口感偏浓郁的白葡萄酒或口感清淡雅致的红葡萄酒为主。

图 4-2　粤菜餐桌上常见的清蒸石斑鱼　　　　图 4-3　粤菜中的经典菜式——广式烧鹅

　　（3）肉类（经典菜式：广式叉烧、澳门烧腩仔、梅菜扣肉、潮州牛肉火锅、羊肉煲）。粤菜中的肉类菜式品类繁多。广府菜中的广式叉烧（如图 4-4 所示）、澳门烧腩仔等由于在制作的过程中会用蜂蜜涂抹肉类的表面，因此口感偏甜，肥而不腻的脂肪层与经过炭烧或者油炸后酥脆的口感结合在一起，入口香酥美味。潮州牛肉火锅是粤菜中最具特色的火锅形式。黄牛肉经过切片后，经过清汤水煮，再与潮州特色的沙茶酱相互搭配，鲜嫩的肉质特点被展现得淋漓尽致。入冬时节，羊肉是深受广东人喜欢的滋补食材。其中，用羊肉制成羊肉煲"打边炉"的方式深得人们的喜爱。为了去除羊肉的膻味，广式羊肉煲一般会添加马蹄、胡萝卜、竹蔗、大蒜、姜、炸腐竹、八角、香叶、草果、老抽、生抽、柱候酱、广东米酒等十多种佐料，口感鲜美浓郁，余味悠长。和其他菜式注重突显食材本身特色的烹饪手法一样，即使是烹饪红肉，粤菜中的做法也是以"提鲜"为主，避免用过重的酱料掩盖食材本身的口感特点。因此在搭配酒水的时候，也应该注重口味浓淡的选择，应多选择一些口感柔和、酒体中等、香气淡雅的红葡萄酒。

　　（4）卤水类（经典菜式：狮头鹅、潮州卤水鹅肝、卤水鹅掌、卤水猪脚）。在粤菜中，潮汕菜里的卤水可谓是独树一帜。在广东的大街小巷都可以看到潮汕卤味店，因此在粤菜的餐桌上，卤水拼盘（如图 4-5 所示）同样是一道亮丽的风景。潮汕卤味的制作，可以说源远流长。无论是鹅、鸭、猪脚、猪头皮还是豆干、

图 4-4　粤菜经典菜式广式脆皮叉烧与法国天然甜酒的搭配

图 4-5　卤水拼盘，在潮菜餐厅中几乎必点的菜式，一般餐厅会配以经过调味的白醋，解除卤水中肥腻的口感

萝卜之类的食材都能够放置到卤汁中进行烹制，在充分吸收卤汁的味道和颜色后，食材呈现出香滑软糯的口感。在众多酒水当中，高酸度的白葡萄酒是潮汕卤水菜式的绝佳伴侣。

（5）啫煲类（经典菜式：啫生肠、三杯汁啫清远鸡、啫黄鳝、啫鱼嘴）。啫煲是粤菜中特有的烹饪表现形式。啫煲的特点就是重油和烟火味十足，可以说是粤菜当中最"重口味"的吃法了。粤菜师傅中流传着"万物皆可啫"的说法，言下之意就是可以用于"啫"的食材极其丰富。无论是各种鱼类、贝类，还是牛肉、鸡肉、猪颈肉，到各种类型的蔬菜都可以用作"啫"的食材。"啫"的酱料也非常讲究，不同的食材会调制不同的酱料，但是大多数酱料都以海鲜虾酱、柱候酱、沙爹酱、磨豉酱等为底料进行炮制，因此口感仍然是以"鲜"味著称。但其酱料的鲜香并没有弱化"啫煲"的口感，所以其更加适合与大多数口感浓郁的红、白葡萄酒相互搭配。

1. 粤菜餐酒搭配综述

传统粤菜餐厅的酒单应该更多地照顾到粤菜当中清淡和"鲜"的口味特点，采用更多优质的白葡萄酒和清淡优雅口感为主的红葡萄酒进行搭配。表 4-1、表 4-2 为编者建议的选酒方向。

广东人早期受到港澳地区的影响，对来自法国的白兰地情有独钟。其中三大品牌——轩尼诗、马爹利和人头马占据了较

表 4-1　建议与粤菜搭配的白葡萄酒（和 / 或桃红葡萄酒）

实惠之选	特浓情	阿根廷（Agentina）
	赛美蓉	澳大利亚猎人谷（Hunter Valley）
	阿尔巴利诺	西班牙下海湾（Rías Baixas）
	霞多丽	法国勃艮第小夏布利（Petit Chablis）、智利（Chile）
	灰皮诺	意大利上阿迪杰（Alto Adige）
优享之选	雷司令	阿尔萨斯（Alsace）、德国莫泽尔（Mosel）、莱茵高（Rheingau）
	琼瑶浆	阿尔萨斯（Alsace）
	长相思，或以长相思为主的混酿	新西兰马尔堡（Marlborough）、波尔多佩萨克雷奥良（Pessac-Léognan）
	维欧尼耶	法国北罗讷河谷孔得里约（Condrieu）
	过橡木桶陈年的霞多丽	勃艮第夏桑尼蒙哈榭（Chassagne-Montrachet）等、澳大利亚阿德莱德丘（Adelaide Hill）、美国纳帕谷（Napa Valley）

表 4-2　建议与粤菜搭配的红葡萄酒

实惠之选	赤霞珠与梅洛混酿（波尔多风格混酿）	波尔多大区级红葡萄酒；波尔多丘红葡萄酒（Les Côtes de Bordeaux），包括布拉依丘（Côtes de Blaye）、卡迪拉克（Cadillac）、卡斯蒂永丘（Côtes de Castillon）等
	天普兰尼洛	西班牙加丽涅纳（Cariñena）
	品丽珠	卢瓦尔河谷红葡萄酒，包括索缪尔（Saumur）、希农（Chinon）、布尔盖伊（Bourgueil）等
	桑娇维赛	意大利基安蒂（Chianti DOCG）
	佳美	博若莱村庄级（Beaujolais Village）
优享之选	赤霞珠与梅洛混酿	波尔多左岸村庄级葡萄酒，包括佩萨克雷奥良（Pessac-Léognan）、玛歌（Margaux）、波亚克（Pauillac）、圣于连（Saint-Julien）、圣爱斯泰夫（Saint-Esthèphe）等
	赤霞珠	中国云南、澳大利亚玛格丽特河、纳帕谷索诺玛（Sonoma County）等
	黑皮诺	勃艮第夜丘（Côte de Nuits）和伯恩丘（Côte de Beaune），新西兰马尔堡（Marlborough）、中奥塔哥（Central Otago），澳大利亚雅拉谷（Yarra Valley）
	歌海娜、西拉、慕合怀特组合	法国罗讷河谷南部瓦给拉斯（Vacqueyras）、吉恭达斯（Gigondas）、教皇新堡（Châteauneuf-du-Pape），南澳大利亚巴罗萨谷（Barossa Valley）
	麝香	法国天然甜酒（Vin Doux Naturel）

大的市场份额。许多广东本地的食客，习惯用白兰地作为佐餐用酒。因此这些主要的白兰地品牌也经常出现在当地餐厅的酒单当中。

2. 本地菜配本地酒

广东本地的白酒玉冰烧是豉香型白酒的代表。玉冰烧以肥猪肉浸泡，酒液玉洁冰清，口感醇和，醇香甘洌，与广东本地菜进行搭配，能够突显"鲜"味口感，发挥出食材原本的特性。除了玉冰烧之外，广东本地还盛产荔枝酒和橄榄酒，这些酒经过发酵和蒸馏，最后成为高度数的佳酿，香气和口感风格别具一格，为粤菜餐酒搭配提供了更多有趣的选择。

4.3.2 川渝菜的餐酒搭配

川菜与粤菜一样拥有一个庞大的体系。整个川菜的概念是由以成都和乐山为中心的蓉派川菜、以自贡为中心的盐帮菜和以重庆与万州等地为中心的重庆菜组成。川渝地区山川秀丽、水系发达，这为川菜的取材提供了非常广泛的来源。除取材广泛外，川菜的口味更是千变万化，能够呈现出鱼香、麻辣、辣子、陈皮、椒麻、怪味、酸辣等多种风格特点，因此有"一菜一格、百菜百味"之美名。川菜口味的特点是麻、辣、香、鲜，同时油大、味厚，其中歌乐山辣子鸡（如图4-6所示）和蒜泥白肉（如图4-7所示）是川菜中最具有代表性的菜式。在川菜的烹调过程中，

图4-6　歌乐山辣子鸡，口感辛辣干香，余味悠长，与半干型葡萄酒进行搭配，可以中和油腻辛辣的口感，让人食欲大增

图4-7　蒜泥白肉，虽是猪肉，却以水煮白肉的形式呈现，配以浓香醇厚的辣酱，口感层次丰富，被切成薄片的五花肉肥而不腻，适合与口感浓郁、经过橡木桶陈年的霞多丽白葡萄酒进行搭配

所运用到的佐料品种繁多,尤其重用"三椒"(辣椒、花椒、胡椒)和鲜姜、蒜蓉作为配料。有时候,食材原本的味道会被浓香的酱料覆盖。但是当菜式与葡萄酒进行搭配后,我们会发现,食材、酱料和佐餐酒水三种味觉的碰撞会带来更多意想不到的体验。

适合与川菜进行搭配的葡萄酒品类很多。白葡萄酒中口感清淡、略微偏甜的半干型葡萄酒有利于缓解油腻和辛辣的口感,让人在酥麻霸道的口感中找到一丝干爽的平衡;红葡萄酒则可以搭配许多不同品类,无论是口感清淡还是口感浓郁的红葡萄酒,在口味浓重的川菜面前,都能够与酱汁相互融合,给客人带来复杂跳跃的味觉体验。

重庆美食的代表之一——重庆麻辣火锅不仅已风靡全国,更走向了世界。重庆麻辣火锅深受年轻人的喜爱,火热麻辣的汤底、包罗万象的火锅选料,让人一时间很难定义其口感的特点。在品尝麻辣火锅的时候,除了来一杯冰爽酸甜的杨梅汁以外,在佐餐酒水上,我们还可以搭配高酸度的干白葡萄酒,或者略带甜味的半干、半甜型白葡萄酒。一些酒体清淡、口感鲜爽的桃红葡萄酒也是搭配麻辣火锅非常好的选择。

1. 川渝菜系餐酒搭配综述

川菜餐厅的酒水选择要充分考虑到川菜"麻、辣、香"的突出特点,应该选择一些口感清淡、略带甜味的白葡萄酒以及口感清淡的红葡萄酒。川菜丰富的食材和多变的口味使其成为一种非常适合与各类葡萄酒进行搭配的菜式。不论是干型的葡萄酒还是甜型的葡萄酒,无论是口味偏重、口感饱满的葡萄酒还是口感优雅、酒体轻盈的葡萄酒,都可以在川菜中找到与之匹配的菜肴。表 4-3、表 4-4 为编者建议的选酒方向。

表 4-3　建议与川渝菜搭配的白葡萄酒(和 / 或桃红葡萄酒)

实惠之选	玛珊和胡珊	罗讷河谷(Côtes du Rhône)
	灰皮诺	意大利北部弗留利 - 格拉夫(Fruili Grave DOC)
	阿尔巴利诺	西班牙下海湾(Rías Baixas)
	麝香	法国南部(South of France)、澳大利亚南部(South of Australia)
	仙粉黛	美国加利福尼亚州洛迪(Lodi)
优享之选	琼瑶浆	阿尔萨斯(Alsace)
	长相思	卢瓦尔河谷桑赛尔(Sancerre)
	歌海娜、神索	罗讷河谷南部的塔维尔(Tavel)和利哈克(Lirac)
	雷司令(甜型)	德国珍藏级(Kabinett)、晚收级(Spätlese)或精选级(Auslese)
	白诗南(半甜型)	卢瓦尔河谷的莱永坡(Coteaux du Layon)、武弗雷(Vouvray)

表4-4　建议与川渝菜搭配的红葡萄酒

实惠之选	马尔贝克	阿根廷门多萨（Mendoza）
	梅洛	智利中央山谷（Central Valley）的麦坡山谷（Maipo Valley）、拉贝尔山谷（Rapel Valley）、库利克谷（Curicó Valley）、马利山谷（Maule Valley）等
	歌海娜	西班牙纳瓦拉（Navarra）
	天普兰尼洛	西班牙佳丽涅纳（Cariñena）
	黑皮诺	马贡（Mâcon）或马贡村庄级（Mâcon Village）
优享之选	黑皮诺	澳大利亚雅拉谷（Yarra Valley）、新西兰马尔堡（Marlborough）、勃艮第一级田（Premier Cru）和特级田（Grand Cru）
	梅洛	法国波尔多右岸波美侯（Pomerol）、卡侬弗龙萨克（Canon-Fronsac）、圣爱美利永（Saint-Emilion）
	品丽珠	法国卢瓦尔河谷布尔盖伊（Bourgueil）、圣尼古拉德布尔盖伊（Saint Nicolas de Bourgueil）、索姆香皮涅（Saumur Champigny）等
	歌海娜、西拉、慕合怀特混酿	法国罗讷河谷南部瓦给拉斯（Vacqueyras）、吉恭达斯（Gigondas）、教皇新堡（Châteauneuf-du-Pape），南澳大利亚巴罗萨谷（Barossa Valley）
	马瑟兰	中国贺兰山东麓产区、山西太谷产区

2. 本地菜配本地酒

四川以五粮液、剑南春等浓香型白酒著称。浓香型白酒搭配川菜，这种浓郁饱满的香气搭配辛辣咸香的菜式口感，在味蕾中会产生强烈的碰撞，容易产生一种甘醇绵长的口感体验。

4.3.3　湘菜的餐酒搭配

湘菜也是中国历史悠久且影响广泛的菜系之一。湘菜以湘江流域、洞庭湖和湘西山区三种地方风味特色为主要组成部分。湖南省地处云贵高原向江南丘陵和南岭山脉向江汉平原过渡的地带，地势呈三面环山、朝北开口的马蹄形地貌，由平原、盆地、丘陵、山地、河流和湖泊构成，地跨长江、珠江两大水系。复杂多样的地形同样带来了丰富的食材。同时，由于地理位置的关系，湖南气候温和湿润，故而人们多喜食辣椒，用以提神去湿。因此湘菜的主要口味特点以香、咸、辣为主。

剁椒鱼头（如图4-8所示）可以说是湘菜中的代表菜式之一，鱼头的"鲜"、剁椒的"辣"和酱汁的"咸"结合在一起，搭配出火辣诱人的口感。与川菜的"麻辣"不同，湘菜的辣更多的是"纯辣"。缺少了"麻"的铺垫，因此湘菜的辣显得更

任务56｜知识能力

了解湘菜经典食材、经典菜式的口味特点以及适合它们的佐餐用酒

建议学习方法
拓展阅读，
生活体验　3

图 4-8　湘菜中的剁椒鱼头，鱼肉质地鲜嫩，吸收了咸辣的酱汁，入口即鲜美又刺激，适合与冰镇过后的半甜葡萄酒进行搭配

加直接和刺激。例如农家小炒肉、辣椒炒黄牛肉、馋嘴牛蛙、衡东脆肚、邵阳猪血丸子这些经典湘菜小炒，给人一种入口即爆的快感。

1. 湘菜餐酒搭配综述

适合搭配辛辣口感的葡萄酒很多，从清爽的干白葡萄酒，到半干型和半甜型的葡萄酒都十分适合。红葡萄酒方面，香辣的口感适合与黑皮诺、品丽珠等口感轻盈的红葡萄酒搭配。表 4-5、表 4-6 为编者建议的选酒方向。

表 4-5　建议与湘菜搭配的白葡萄酒（和 / 或桃红葡萄酒）

实惠之选	麝香	意大利阿斯蒂起泡酒（Asti DOCG）、法国加泰罗尼亚山坡（Côtes Catalans）、澳大利亚南部（South of Australia）
	格雷拉（Glera）	普罗塞克（Prosecco）
	长相思	智利利马里谷（Limarí Valley）、卡萨布兰卡谷（Casablanca Valley）、阿空加瓜山谷（Aconcagua Valley）
	雷司令	德国珍藏级（Kabinett）
	白诗南	南非帕尔（Paal）
优享之选	麝香	阿尔萨斯（Alsace）
	雷司令	德国晚收级别（Spätlese）或精选级别（Auslese）
	霞多丽	阿德莱德山丘（Adelaide Hill）、纳帕谷（Napa Valley）
	琼瑶浆	阿尔萨斯（Alsace）
	白诗南（半甜型）	卢瓦尔河谷的莱永坡（Coteaux du Layon）、武弗雷（Vouvray）

表 4-6　建议与湘菜搭配的红葡萄酒

实惠之选	丹菲特	德国普法尔兹（Pfalz）
	桑娇维塞	意大利基安蒂（Chianti DOCG）和经典基安蒂（Chianti Classico DOCG）
	品丽珠	法国卢瓦尔河谷的品丽珠酿造的红葡萄酒，如索缪尔（Saumur）、希农（Chinon）
	佳美	博若莱村庄级（Beaujolais Village）
	天普兰尼洛	西班牙纳瓦拉（Navarra）、拉曼恰（La Mancha）
优享之选	黑皮诺	澳大利亚雅拉谷（Yarra Valley）、澳大利亚塔斯马尼亚（Tasmania）、新西兰马尔堡（Marlborough）、美国俄勒冈州（Oregon）等
	品丽珠	法国卢瓦尔河谷布尔盖伊（Bourgueil）、圣尼古拉德布尔盖伊（Saint Nicolas de Bourgueil）、索姆香皮涅（Saumur Champigny）等
	梅洛	波尔多右岸波美侯（Pomerol）、卡侬-弗龙萨克（Canon-Fronsac）、圣爱美利永（Saint-Emilion）及其卫星产区
	马瑟兰	中国宁夏贺兰山东麓、山西太谷产区
	科维纳	意大利瓦波利切拉里帕索（Valpolicella Ripasso DOC）

2. 本地菜配本地酒

以酒鬼酒为代表的馥郁香型白酒是湘西的特产。集浓、清、酱三种口感风格于一身的酒鬼酒让人在品鉴时就感受到变化莫测的复杂口感。以馥郁香型白酒搭配湘菜，湘菜中的辣味被削减，而青椒的清香则被反衬出来。加之湘菜重油和咸口的特点，又烘托出馥郁香型白酒清冽怡人的口感特征，细品之下，回味无穷。

👁 **任务 57｜知识能力**

了解鲁菜、京菜经典食材、经典菜式的口味特点以及适合它们的佐餐用酒

——————
建议学习方法
拓展阅读，
生活体验

③

4.3.4　鲁菜、京菜的餐酒搭配

鲁菜秉承儒家"食不厌精，脍不厌细"的思想，烹饪技法多变，菜式口感特点鲜美细腻，回味悠长。我们不能说鲁菜完全代表了北方菜，但是北方菜无论是从表现形式、烹饪手法还是口味上来说，都在很大程度上受到了鲁菜的影响。我们常常听说的"满汉全席"，其中大部分菜式都来自传统鲁菜的菜式。鲁菜以咸鲜著称，讲究突出食材本味。山东地处胶东半岛，海鲜种类繁多，因此海鲜类食材在鲁菜中占有相当大的比重。另外一点值得注意的是，山东盛产大葱，因此像葱烧海参、葱烧蹄筋等葱烧类菜肴较多。

鲁菜当中不得不提"九转大肠"（如图 4-9 所示）的大名。这道菜最让人难忘的特点是入口时酥脆肥美的口感和五味杂陈的香气，酸、甜、香、辣、咸等各种味道喷涌而出。此外，鲁

图 4-9　九转大肠是鲁菜中的经典菜式，肥腻咸香的口感非常适合与各类红葡萄酒和中国白酒进行搭配

菜名点中的油爆双脆、油焖大虾等看似口感油腻，实则入口鲜美可口，食材的原味也能够被突显出来，在与各类不同酒水搭配的过程中都有令人惊喜的体验。

此外，鲁菜的热菜大量依赖高汤，讲究"以盐提鲜，以汤壮鲜"。常见的海鲜，如虾、蟹、贝、蛤，以及名贵食材如海参、干鲍、鱼皮、鱼骨等多用于熬制上乘高汤。从食材角度出发，鲁菜更适合与口感浓郁的白葡萄酒进行搭配。而站在北方饮食习惯的角度，一些口感浓郁、酒体饱满浓厚、酒精度略高的红葡萄酒也会受到客人们的欢迎。

京菜也叫"京帮菜"，因北京作为首都的特殊地位而与其他菜系有所不同。京菜以北方菜为基础，明清以来融合了满、汉两大民族的饮食文化，又以宫廷御制的方式不断升华，继而不断吸收全国各地饮食文化的经典技法（如具有粤菜风格的谭家菜），最后形成了京菜兼修并蓄的风格特点。另外一种说法是京菜来源于鲁菜，传说红极一时的京城"八大楼"都是以鲁菜师傅作为班底。即便如此，北京菜也依仗其独特的地理位置，发展出一系列蜚声海外的著名菜式。

比如来自宫廷的北京烤鸭（如图 4-10 所示），便是北京人宴会餐桌上必不可少的名菜。北京烤鸭选用纯种北京白鸭，加上果木炭火烤制，呈现出其特有的色泽红润、肥而不腻、外脆里嫩的效果，可谓是色香味俱全。

此外，北京地处华北平原的北端，西北部与太行山、燕山山脉衔接，南边为平原，土壤肥沃，盛产各种具有北方特色的粮食作物，因此主食以面食为主。同时由于距离蒙古草原不远，因此也会向北取材，将上乘的牛肉和羊肉融入菜式体系当中。所以在北京，除了北京烤鸭外，铜锅涮羊肉（如图 4-11 所示）也是招呼客人的不二之选。北京菜在烹饪手法和口感上确实继承了不少鲁菜的特点，在历史演进的过程中兼收并蓄，继而与鲁菜一起成为北方菜式的重要代表。

图 4-10　北京烤鸭是蜚声海外的中国名菜，油腻的肉质可尝试与口感清雅甜美的黑皮诺红葡萄酒进行搭配

图 4-11　铜锅涮羊肉是北京常见的火锅形式。来自内蒙古的羊肉肉质饱满无膻味，非常适合与各类红葡萄酒进行搭配

1. 鲁菜、京菜餐酒搭配综述

　　京菜与鲁菜同属北方菜系，食材来源具有明显的北方地域特点，烹饪手法自成一派，菜式口味自然也与南方菜系有所不同。由于气候的原因，大部分北方人比南方人更喜饮酒，因此与北方菜系搭配的酒水一般口感偏浓郁，酒精度也略高。表 4-7、表 4-8 为编者建议的选酒方向。

表 4-7　建议与鲁菜、京菜搭配的白葡萄酒（和 / 或桃红葡萄酒）

实惠之选	玛珊、胡珊	罗讷河谷（Côtes du Rhône）
	雷司令	德国莱茵黑森（Rheinhessen）
	马卡贝奥（马家婆）	CAVA、里奥哈（Rioja）、纳瓦拉（Navarra）、瓦伦西亚（Valencia）
	霞多丽	智利利马里谷（Limarí Valley）、卡萨布兰卡谷（Casablanca Valley）、阿空加瓜山谷（Aconcagua）
	赛美蓉	澳大利亚猎人谷（Hunter Valley）
优享之选	维欧尼耶	孔德里约（Condrieu）
	长相思	法国佩萨克雷奥良（Pessac Leognan）、新西兰马尔堡（Marlborough）
	过桶霞多丽	勃艮第夏桑尼蒙哈榭（Chassagne-Montrachet）和普利尼蒙哈榭（Puligny-Montrachet）、美国纳帕谷（Napa Valley）、澳大利亚阿德莱德山丘（Adelaide Hill）等
	雷司令	法国阿尔萨斯（Alsace），德国莱茵高（Rheingau）、莫泽尔（Mosel）、澳大利亚伊顿谷（Eden Valley）等
	白诗南	法国卢瓦尔河谷（Val de Loire）

表 4-8　建议与鲁菜、京菜搭配的红葡萄酒

	佳丽酿	露喜龙村庄级（Côtes du Roussillon Village）
实惠之选	马尔贝克	阿根廷（Argentina）、法国卡奥产区（Cahors）
	西拉 / 设拉子	圣约瑟夫（Saint Joseph）、克罗佐 - 埃米塔日（Crozes - Hermitage）、科纳（Cornas）、巴罗萨产区（Barossa）
	梅洛	智利（Chile）、法国南部（South of France）
	歌海娜	法国南部（South of France）、西班牙（France）
优享之选	赤霞珠	波尔多左岸上梅朵克（Haut Médoc），南澳大利亚库纳瓦拉（Coonawarra），中国山东烟台、河北怀来、宁夏产区，超级托斯卡纳（Super Tuscans）
	西拉 / 设拉子	法国北罗讷河谷的罗蒂丘（Côte Rôtie）、埃米塔日（hermitage）、巴罗萨谷（Barossa Valley）
	歌海娜、西拉、慕合怀特混酿	教皇新堡（Châteauneuf-du-Pape）、巴罗萨谷（Barossa Valley）
	内比奥罗	巴罗洛（Barolo）、巴巴莱斯科（Barbaresco）
	梅洛	波尔多右岸波美侯（Pomerol）、卡侬 - 弗龙萨克（Canon Fronsac）、圣爱美利永（Saint-Emilion）及其卫星产区

2. 本地菜配本地酒

山东和河北都是中国著名的葡萄酒产酒基地。山东的烟台、河北的怀来都是盛产美酒的地方，赤霞珠、蛇龙珠等品种在当地有悠久的种植和酿造历史。本地产的红葡萄酒，单宁结构紧实，酸度高，可以与大部分北方菜的口感融合在一起，达到平衡雅致的效果。

任务 58｜知识能力

了解江浙菜经典食材、经典菜式的口味特点以及适合它们的佐餐用酒

建议学习方法
拓展阅读，生活体验 3

4.3.5　江浙菜的餐酒搭配

所谓"上有天堂，下有苏杭"。江浙沪一带东临大海，沿海渔场密布，水产资源极其丰富，自古以来就是人文荟萃的鱼米之乡。江浙菜是一种笼统的说法，原因是现在许多餐厅在制作菜谱的时候，会将淮扬菜、上海本帮菜和浙江菜中的精华部分提炼出来，制作一份新的融合型菜单，以满足更多客户的用餐需求。

（1）淮扬菜。说起淮扬菜，很多人会想起"国宴"二字。淮扬菜源自淮安和扬州两地的美食。"精细"可以说是淮扬菜的特点，尤其在选材、刀工、制汤、佐料、酱汁和烹饪的手法上体现得淋漓尽致。

在淮扬菜的宴席中，最常见的鱼是"松鼠鳜桂鱼"（如图 4-12 所示）。松鼠鳜鱼口感酸甜，适合搭配中国黄酒或者来自西班牙的含糖量高的雪莉酒。除了松鼠鳜鱼外，还有一种鱼是淮安

人的挚爱——黄鳝，淮安人称之为"长鱼"。黄鳝可做成有108道菜的"长鱼宴"，烹饪手法不一，口味奇绝。黄鳝肉中多油脂，是一种非常适合搭配葡萄酒的鱼类。如配以咸口的酱汁，与黑皮诺相搭配更是相得益彰。"红烧狮子头"（如图4-13所示）也是淮扬菜中名气大且具有代表性的菜式之一。肥瘦适宜的猪肉被搅拌成泥，与陈皮、马蹄、香菇等糅合在一起，做成球状，先炸后煮，出锅后再淋上鲜香浓郁的卤水酱汁，入口时肉丸中的汁液喷薄而出，肉质口感绵柔可口。此时再与葡萄酒进行搭配，更是能够呈现出美妙绝伦的味蕾体验。

阳澄湖的大闸蟹可以算是中国最著名的食材之一。每年9月中旬，大闸蟹开始上市，一直持续到12月份。母蟹蟹黄肥美，肉质细嫩；公蟹膏脂厚实，肉多味美。与西班牙的雪莉酒、葡萄牙的波特酒、法国南部的天然甜酒以及江浙一带的黄酒相搭配，可谓是人间绝妙的美食体验。

淮扬菜大多口味平和，鲜美而略带甜味，无论是水晶肴肉、松鼠鳜鱼，还是文思豆腐、梁溪脆鳝，都是咸中有鲜，鲜中带甜。在与葡萄酒搭配的过程中，适合与清雅口感的葡萄酒进行搭配。

（2）本帮菜（上海菜）。本帮菜即指上海菜，是江南菜系的重要流派。上海本帮菜名扬内外，在近年发布的《米其林指南》

图4-12　松鼠鳜鱼是江苏经典名菜之一，精湛的刀工、酸甜的口感和酥脆的肉质是其特点，与口感稍甜的绍兴花雕酒进行搭配，使菜肴口感变化更加丰富

图4-13　红烧狮子头适合与各类型的红葡萄酒进行搭配

中，北京和上海都有不少本帮菜餐厅被评为星级餐厅或被《指南》收录。传统的本帮菜以红烧、生煸见长，善用浓油赤酱，口味较重。现代本帮菜则开始迎合当地人口味变化，变得淡雅清爽。上海菜选料新鲜、品质优良、刀工精细、制作考究、火候恰当、清淡素雅、咸鲜适中、口味多样且风味独特，摆盘简约却玲珑别致。

上海菜在一般人的印象中喜欢用糖作为佐料，因此许多菜式口感偏甜。一般干型的白葡萄酒在甜口的本帮菜面前都会变得更加酸涩，而微甜的葡萄酒往往又表现得酸度不足。经过一些尝试，我们发现上海本帮菜与干型雪莉酒、波特酒以及法国的天然甜酒等酒精度略高、酸度也较高的酒品更易搭配。

（3）浙江菜（简称浙菜）。浙江省东临大海，沿海渔场密布，水产资源十分丰富，西南是延绵起伏的崇山峻岭，盛产品种繁多的山珍野味。丰富的食材资源让浙江菜自古以来便名声在外。浙江菜选料讲究、注重本味，与淮扬菜一样，注重烹饪的细节，菜品制作精细。

浙江同时也是黄酒的发祥地，绍兴的黄酒是浙江菜烹调中必不可少的组成部分。比如浙江名菜"东坡肉"的制作过程中，会以绍兴黄酒代水烹制，因此口感醇香甜美，风味独特。浙江金华火腿（如图 4-14 所示）以"金华两头乌"瘦肉猪制成，更是蜚声海内外的优质食材。以当地名茶龙井茶的嫩芽为配料，取其淡雅清香而烹制的龙井虾仁（如图 4-15 所示），不仅征服了当年乾隆皇帝的味蕾，更是流传至今，成为杭菜一绝。此外，西湖醋鱼、赛蟹羹、彩熘全黄鱼、锅烧河鳗等名菜，经过代代相传，并且不断改良，成为中国菜中的一道亮丽风景。

图 4-14　浙江金华火腿

图 4-15　龙井虾仁，口感清新爽口，可以与众多白葡萄酒进行搭配

1. 江浙菜系餐酒搭配综述

综合江浙沪一带菜式的特点，给人的印象是食材取鲜、酱汁偏甜，且善用高汤。对于口感清淡的菜式，除本地生产的绍兴黄酒外，葡萄酒应选用口感细腻、香气清雅的白葡萄酒和酒体雅致的红葡萄酒。这样才能够突显食材的鲜美和原味，显现出菜式精致淡雅的风格。而针对一些口味偏甜的菜式，则可以尝试以一些经过橡木桶陈年的白葡萄酒，或者是酒精浓度高的红葡萄酒，甚至是酒精加强型葡萄酒进行搭配。表4-9、表4-10为编者建议的选酒方向。

表4-9　建议与江浙菜搭配的白葡萄酒（和/或桃红葡萄酒）

实惠之选	卡尔卡耐卡（Garganega）	意大利威尼托（Veneto）的苏瓦韦（Soave）或经典苏瓦韦（Soave Classico）
	阿尔巴利诺	西班牙下海湾（Rías Baixas）
	赛美蓉	澳大利亚猎人谷（Hunter Valley）
	霞多丽	小夏布利（Petit Chablis）、智利（Chilie）
	白诗南	南非（South Africa）
优享之选	白诗南	卢瓦尔河谷莱昂坡（Coteaux du Layon）、武弗雷（Vouvray）
	雷司令	德国莱茵高（Rheingau）、莫泽尔（Mosel），澳大利亚尔顿谷（Eden Valley）
	长相思	卢瓦尔河谷桑赛尔（Sancerre）、新西兰（New Zealand）、美国白富美（Fumé Blanc）
	过桶霞多丽	夏布利村庄级或以上级别白葡萄酒、美国纳帕谷（Napa Valley）
	酒精加强型酒	西班牙干型雪莉酒（Fino）

表4-10　建议与江浙菜搭配的红葡萄酒

实惠之选	佳丽酿	露喜龙丘（Côtes du Roussillon）或罗喜龙丘村庄（Côtes du Roussillon Villages）
	佳美	博若莱村庄级（Beaujolais Village）
	品丽珠	法国卢瓦尔河谷产区索缪尔（Saumur）、席农（Chinon）等
	赤霞珠	波尔多（Bordeaux）大区级别庄园酒、智利（Chile）
	蛇龙珠	中国山东、怀来产区
优享之选	科维纳（Corvina）	意大利威尼托的瓦波利切拉（Valpolicella DOC）、经典瓦波利切拉（Valpolicella Classico DOC）、"瓦波利切拉的阿玛罗尼"（Amarone della Valpolicella DOCG）
	设拉子	澳大利亚巴罗萨谷（Barossa Valley）
	内比奥罗	皮埃蒙特的巴罗洛（Barolo）和巴巴来斯科（Barbaresco）
	酒精加强型酒	波特酒（Port）、法国天然甜酒（Vin Doux Naturel）
	马瑟兰	中国宁夏贺兰山东麓产区、山西太谷产区

2. 本地菜配本地酒

黄酒是江浙沪地区美食的灵魂。黄酒不仅能够用于烹饪，更适合用于佐餐。高端黄酒在与苏杭一带菜式搭配时，能够突显本地菜的食材特点，与本地烹饪的酱料更是同出一辙，在佐餐时还能够起到去腥提鲜的作用。黄酒被称为"文人的酒"，与饱含文化内涵的江南佳肴搭配，更是相得益彰、妙趣横生。

4.4　他国料理的餐酒搭配

任务 59｜知识能力

了解日本料理、泰式料理、韩国料理等亚洲菜经典食材、经典菜式的口味特点以及适合它们的佐餐用酒

建议学习方法
拓展阅读，
生活体验

4

一些开设在中国的他国料理餐厅，"本地菜配本地酒"的做法会更加明显，选酒一般会来自主题国家，比如法国餐厅一般不会卖澳大利亚葡萄酒而只会专注于销售法国葡萄酒，意大利餐厅会有丰富的意大利酒作为选择，而日本餐厅则通常以日本清酒或者日本烧酒作为主要用酒。对于他国料理餐厅来说，本地酒是对于本地菜的一种加持，在客人面前起到一种强化美食文化特点的作用。

4.4.1　日本料理的餐酒搭配

日本料理以"鲜"味著称。日本料理的呈现形式多种多样，既有价格昂贵、仪式感极强的传统日本"怀石料理"（如图 4-16 所示），也有风格各异、氛围轻松的日式居酒屋，还有一些以日式轻食和寿司为主题的休闲餐厅。日本料理通常食材极其讲究，并且多以海鲜刺身为主。日本料理的精髓在于尊重食材自然的原味，烹调的手法均以保留食材的原味为前提。除海鲜外，肉质上乘的和牛（如图 4-17 所示）也是日料食材的一大亮点。

搭配日本料理，如果是围绕以海鲜食材为主的菜式进行搭配，那么日本清酒本身就是非常好的佐餐用酒。而如果以葡萄酒进行搭配，大部分的白葡萄酒都是日本料理的绝佳伴侣。日本和牛油脂丰富、口感肥美、入口即化，以口感浓郁饱满的波美侯产区的红葡萄酒进行搭配能够带来绝佳的口感。

图 4-16　精致的日本怀石料理

图 4-17　入口即化的日本和牛，是牛肉中的上乘品类，适合与各式红葡萄酒进行搭配

4.4.2　泰式料理的餐酒搭配

泰式料理善于利用各种热带地区的香料，调配出具有复杂辛辣口感的菜式。泰国菜的调料非常丰富，常用的有辣椒、罗勒、蒜头、香菜、黄姜、胡椒、香茅、椰子等。烹调过程中还经常会使用到各种不同品种的咖喱。因此，泰国菜口感以酸、辣为主。

在葡萄酒世界中，琼瑶浆这种葡萄品种酿造的葡萄酒被誉为是与泰国菜最和谐的搭配。甚至有人把琼瑶浆外语名称 Gewürztraminer 的缩写 GWT 翻译成为"Good With Thai"（与泰式料理绝配）。这种葡萄品种口感偏甜，细品之下有各种复杂香料的味道，与以泰国为代表的东南亚料理搭配确实非常绝妙（如图 4-18 所示）。

图 4-18　泰式香茅烧春鸡与来自阿尔萨斯的琼瑶浆进行搭配

4.4.3　韩国料理的餐酒搭配

在国内的高端韩国料理，大多以烤肉餐厅为主。虽然烤肉并不能完全展现韩国料理的精髓，但是从品类上说，韩式烤肉已经深入人心。韩菜的另外一个特点是"辣"，如韩国泡菜

就是以咸辣为主的一种凉菜，韩国的辣入口醇香且后劲十足，在食用时，会让人汗流浃背，有一种灼热而爽快的味蕾感受。

搭配韩国烤肉，以来自波尔多梅多克地区、美国加州或者南澳大利亚为代表的口味浓郁的红葡萄酒比较适合。针对韩国菜中"辣"的特点，也可以选用一些半干型白葡萄酒或者起泡葡萄酒与之搭配。

任务 60 | 知识能力

了解法餐和意大利菜等欧洲菜经典食材、经典菜式的口味特点以及适合它们的佐餐用酒

建议学习方法

拓展阅读，
生活体验

4

4.4.4　法餐的餐酒搭配

法餐中所运用的食材丰富多样。在法国，高级餐厅会把当地产区所属的葡萄酒摆放在酒单中最显眼的位置。然而开设在中国的法国餐厅，由于受到食材采购的限制，所能够呈现出来的菜式与在法国本土相比，少了在本土时浓郁的地域气息，而是以一种更加具有"国际风格"的法餐形式呈现出来。

这种"国际化"风格的法餐在食材上一般会选择在国际市场上常见且容易运输的物料。比如头盘中常见的是火腿、生蚝，主菜中比较常见的有牛肉、羊排、鸭胸肉、鸡胸肉等，海鲜中也包括常见的海鲈鱼、龙利鱼、鳕鱼、龙虾和青口。这些常见的食材，配上一些中国人比较容易接受的酱汁，构成了法餐在中国市场呈现的主要风格。

法国餐厅的选酒也受到采购渠道的限制而无法像在法国本土一样丰富多彩。在法国本土酒的框架内，中国市场上比较常见的产区包括波尔多、勃艮第、法国南部、南罗讷河谷、干邑等。近些年来，也有一些进口商开始尝试进口法国一些比较冷门或者比较高端的产品，比如香槟、勃艮第一级田和特级田、阿尔萨斯、卢瓦尔河谷、汝拉 – 萨瓦、北罗讷河谷、雅文邑、卡尔瓦多斯等产区的葡萄酒和烈酒产品，这使得在中国的法国餐厅选酒时有了更多的选择。

从法国餐厅的用餐方式上说，餐厅一般要选择种类齐全的葡萄酒。比如针对法餐的开胃菜和头盘，一般要准备香槟或者其他类型的起泡型葡萄酒；针对主菜中的海鲜，一般要准备品种丰富的白葡萄酒，比如来自阿尔萨斯的雷司令、来自波尔多的长相思或者来自勃艮第的霞多丽。在白葡萄酒当中还要做好两手准备，一种是口感清新、未经过橡木桶陈年的白葡萄酒，另外一种是口感浓郁复杂、经过橡木桶陈年的白葡萄酒（如图 4-19 所示）。红葡萄酒方面，法式餐厅一般都会将选择的范围集中在波尔多、勃艮第和罗讷河谷这三大产区。这其中当然也可以有一些别的小众产区的葡萄酒，作为餐厅的特色呈现给客人。法餐一般以甜品

图 4-19　来自勃艮第夏桑尼 – 蒙哈榭产区的白葡萄酒，大多经过橡木桶的陈年，是全球顶级的白葡萄酒之一

图 4-20　来自法国波尔多的苏玳贵腐甜葡萄酒，是享誉世界的甜品酒，可以与大多数餐后甜品进行搭配

作为结尾，搭配甜品的葡萄酒则是以苏玳的贵腐酒（如图 4-20 所示）或者法国南部的天然甜酒为主。一些餐厅也会准备珍藏的干邑白兰地或者雅文邑白兰地供客人选择。

4.4.5　意大利菜的餐酒搭配

意大利菜在中国大致分为以披萨为主的意大利快餐式餐厅和以传统意大利菜为主的高端美食餐厅。前者在中国市场很受欢迎，形成连锁规模经营的餐厅也不少；后者数量相对较少。与法餐类似，意大利菜的食材选材也是丰富多样的。意大利菜中常常会用到帕尔马火腿、西红柿和干奶酪这些食材进行烹调。

意大利菜中的肉类选择也丰富多样，配以种类繁多的酱汁，使得意大利菜的口感丰富，咸淡搭配相得益彰，是西餐中比较接近中国消费者口感偏好的一种菜式。

意大利餐厅的葡萄酒选品自然也离不开意大利葡萄酒的范畴。意大利的就餐模式与法餐类似，都是按道上菜。因此配合每一道菜，可以准备起泡酒、白葡萄酒、红葡萄酒和甜型的葡萄酒。在意大利的红葡萄酒中，阿玛罗尼由于具有浑厚偏甜的口感，会比较受到中国消费者的喜欢。此外，意大利也有一种葡萄蒸馏酒 Grappa，可以作为餐后酒供客户选择。在意大利菜式中，常常会运用到西红柿作为配菜，因此口味会偏酸。偏酸口味的菜式搭配葡萄酒，可以让食材变得甜美，因此意大利菜是一种非常适合搭配葡萄酒的菜系。

4.5　菜式主题餐厅的餐酒搭配

👁 任务 61 | 知识能力

了解市场上常见的菜式
主题餐厅类型以及适合
它们的佐餐用酒

———————
建议学习方法
观察、记忆　**4**

越来越多的餐厅在往"单品店"方向发展。所谓"单品店"，指的是以某个特色菜式为主，配以一些其他菜式作为辅助的餐厅。例如以"北京烤鸭""乳鸽""田鸡""牛扒""潮州牛肉""酸菜鱼""东坡肉"等为主打菜式的餐厅，已经形成了覆盖全国的主题式连锁餐饮集团。这些菜式主题餐厅在选择葡萄酒的时候，应该围绕主打菜式的口味特点选择数款不同价格区间的佐餐用酒，如表 4-11 所示。

表 4-11　不同菜式主题餐厅的配酒建议

餐厅主打食材	菜式口感特点	搭配酒水
精品牛肉餐厅、阿根廷烤肉餐厅	肉质鲜嫩醇香，通常可以通过煎和低温慢煮两种形式制作；常用于搭配的酱汁有黑椒汁、蒜蓉汁、第戎芥末酱等，或者通过海盐进行调味	推荐与口感浓郁的红葡萄酒进行搭配，如波尔多右岸的波美侯（Pomerol）、圣爱美利永（Saint-Emilion），意大利巴巴莱斯科（Barbaresco）和巴罗洛（Barolo）、巴罗萨谷（Barossa Valley）的设拉子、南非（South Africa）的皮诺塔吉、中国贺兰山东麓的赤霞珠等；巴西、阿根廷烤肉餐厅也建议搭配南美洲如阿根廷的马尔贝克（Malbec）和智利的赤霞珠（Cabernet Sauvignon）、佳美娜（Carmenere）等红葡萄酒
潮州牛肉火锅	一般选材自黄牛肉，切片极薄、口感鲜甜、饱满多汁；经过清汤快煮，再辅以潮州本地特有的沙茶酱、花生酱、芹菜、炸蒜蓉等进行调味	推荐中等偏上酒体的红葡萄酒，如波尔多左岸梅多克（Médoc）、佩萨克雷奥良（Pessac Léognan）产区的红葡萄酒，法国卢瓦尔河谷（Val de Loire）产区的红葡萄酒、博若莱"葡萄园"级别（Beaujolais Crus）葡萄酒，西班牙歌海娜（Grenache），美国仙粉黛（Zinfandel）等红葡萄酒
北京烤鸭餐厅	以果木碳烤制、肉质肥而不腻、外脆里嫩；口感香酥甜美，与白糖或者甜面酱进行搭配，带出一丝鲜香的口感	推荐以口感浓郁的白葡萄酒为主，如波尔多佩萨克雷奥良（Pessac Léognan）的白葡萄酒，法国北罗讷河谷的维欧尼耶酿制的白葡萄酒，勃艮第夏桑尼蒙哈榭（Chassagne Montrachet）和普利尼蒙哈榭（Puligny Montrachet），美国纳帕谷以霞多丽酿制的白葡萄酒等；同时也可以推荐酸度较高、香气浓郁的雷司令进行搭配
海鲜餐厅	海鲜口感以鲜为主，有些海鲜食材价格昂贵，因此大部分菜式口感清淡，主要以突出食材本身的原味为主；粤菜中以海鲜作为主题的餐厅较多	推荐以酸味较重、酸度较高的白葡萄酒作为搭配，如法国阿尔萨斯（Alsace）和德国莫泽尔（Mosel）的雷司令、新西兰马尔堡（Marlborough）的长相思、法国勃艮第夏布利（Chablis）的霞多丽等白葡萄酒

（续）

餐厅主打食材	菜式口感特点	搭配酒水
牛蛙餐厅、烤鱼、酸菜鱼	以辣味为主的餐厅。符合年轻人的口味喜好。重油、香辣的口感特点要求在选酒时能够缓解刺激的口感，尽量突显食材的原味	推荐半干或者半甜型的白葡萄酒或者起泡型葡萄酒进行搭配，如法国南部（South of France）的麝香半甜白、法国阿尔萨斯（Alsace）的麝香、琼瑶浆酿制的白葡萄酒、意大利格雷拉葡萄酿造的普罗塞克（Prosecco）半干型或者半甜型葡萄酒等

4.6　"不时不食"，不同季节的餐酒搭配

任务 62｜知识能力

了解不同季节特色食材或食品的口味特点以及适合它们的佐餐用酒

建议学习方法
观察、记忆

4

《论语·乡党第十》中说："食不厌精，脍不厌细。食饐而餲。鱼馁而肉败，不食。色恶，不食。臭恶，不食。失饪，不食。不时，不食。割不正，不食。不得其酱，不食……"这当中提到的"不时不食"，讲的就是吃东西要应时令、按季节，到什么时候吃什么东西。全球高端食材的季节性特点非常鲜明。根据不同季节的特色食材，大多数高端的中国餐厅都会根据当季的食材进行菜式的调整，以此作为吸引顾客的卖点。此外，中国各地的传统习俗也比较多，与传统的节庆或节气相搭配时也有不同的应节的传统美食。当菜式发生调整的时候，也应该将与之搭配的酒水一起推出市场，这样有助于丰富产品内容，为客户设计高端、专业的美食体验，从而为餐厅带来更多的利润，如表 4-12 所示。

表 4-12　不同季节对应食材的餐酒搭配

季节	应季菜式／食材	选配酒水
9 月 ~12 月	大闸蟹（图 4-21）	推荐以中国黄酒，或者酒精加强型酒为主，如西班牙雪莉酒（Sherry）、葡萄牙波特酒（Port）等
11 月份左右	生蚝（图 4-22）	推荐以口感偏酸的白葡萄酒为主，如法国卢瓦尔河谷产区经过酒泥陈年的密斯卡岱 - 塞夫勒曼葡萄酒（Muscadet Sèvre et Maine Sur Lie）被当地人誉为与吉拉多生蚝的绝配葡萄酒，此外也可以考虑长相思、霞多丽等白葡萄酒
8 月 ~10 月	松茸（图 4-23）	推荐口感清淡、酸度较高的白葡萄酒，如勃艮第（Burgundy）的霞多丽、新西兰马尔堡（Marlborough）的长相思等；或者酒体较轻的黑皮诺红葡萄酒

（续）

季节	应季菜式 / 食材	选配酒水
端午	粽子 （图 4-24）	推荐苏玳（Sauternes）、冰酒或托卡伊（Tokaj）等含糖量较高的葡萄酒
中秋	月饼 （图 4-25）	推荐以酒精加强型酒为主，如法国的天然甜酒（Vin Doux Naturel）、西班牙的雪莉酒（Sherry）、葡萄牙的波特酒（Port）、澳大利亚路斯格兰（Rutherglen）的甜白葡萄酒和中国长白山的冰酒等
入冬	羊肉 （图 4-26）	推荐波尔多右岸（Rive Droite de Bordeaux）以梅洛为主的红葡萄酒、意大利皮埃蒙特（Piemonte）以内比奥罗（Nebbiolo）为主的红葡萄酒，或者西班牙的添普兰尼洛（Tempranillo）红葡萄酒

图 4-21　大闸蟹与绍兴黄酒的和谐搭配，在中国得到了时间的验证

图 4-22　法国生蚝与白葡萄酒的搭配，既能够杀灭生蚝中的细菌，还能够突显生蚝的美味

图 4-23　炭烧松茸与黑皮诺葡萄酒进行搭配，会让食材和酒的味道得到升华

图 4-24　在品尝粽子的时候，来一小口苏玳贵腐葡萄酒，甜美的口感让粽子的香味更加悠长

图 4-25　甜腻口味的月饼可以尝试与葡萄牙的波特酒进行搭配

图 4-26　裹满鲜美酱汁的羊肉煲与口感丰富的红葡萄酒进行搭配

中国的传统节日丰富多样，各地又有着不同的传统习俗，相应地也会有不同的应节小吃。在餐厅中最常销售的应节食物是粽子和月饼。每当端午和中秋，高级中餐厅都会开始推出本店品牌的粽子和月饼，这些产品也可以搭配葡萄酒或其他酒水进行销售。

以上是从味觉方面考虑餐酒搭配的问题。在中国的就餐环境中，味觉的搭配并非唯一的考量因素。中国人的餐桌彰显的是一种社交文化，有时对于习惯、文化和礼节的考量会多于对口感搭配的考量。比如相比于白葡萄酒，中国消费者更喜欢红葡萄酒，这是多年来积累下来的消费习惯。这当中除了红葡萄酒是中国消费者最早接触的葡萄酒类型这一原因外，"红"色所带来的繁荣、昌盛、积极、吉祥、喜庆等"附加意义"的价值也是促使消费者们更加青睐红葡萄酒的原因。所以在可以选择的情况下，大多数人会把红葡萄酒作为第一选择。

其次，中国传统酒水的消费者习惯于中国白酒高酒精度的口感，因此在饮用葡萄酒的时候，也会偏好酒精度数高、酒体厚重的风格。对部分消费者而言，酒精带来的愉悦感是可以超然于菜式口味之外的，因此餐酒搭配所能够带来的味蕾和谐之美往往并不是他们考量的主要因素。

任务 63 | 技术能力

能够结合所学习葡萄酒知识对某款菜式提出餐酒搭配的建议并说出理由

建议学习方法
记忆、实操　**4**

思考与实践

1. 粤菜中的玫瑰豉油鸡的制作工艺是什么样的？作为侍酒师的你建议挑选什么类型的葡萄酒与之搭配？

2. 潮菜中的"潮州打冷"是有鲜明地域特色的菜式。潮州打冷有卤水、鱼饭（各式近海海鲜）和腌制品，口感鲜美，深受广东一带人民群众的喜爱。你建议挑选什么类型的酒水与这种类型的菜式进行搭配？说说其中的原因。

3. 湘菜中常见的熏肉的制作工艺是什么样的？口感有什么特点？你建议挑选什么类型的葡萄酒或者烈酒与之搭配？

4. 川菜中的宫保鸡丁是一道知名度极高的中国菜，在很多国外的中餐厅都能够吃到。宫保鸡丁这道菜有什么样的历史内涵？制作工艺是什么样的？你建议挑选什么类型的葡萄酒与之搭配？

5. 淮扬菜中的文思豆腐的制作过程体现了精湛的刀工，这道菜有什么样的文化内涵？从口感上考虑应该选用什么类型的酒水与其进行搭配？

6. 南京的琵琶鸭具有独特的制作工艺和口感特点，你建议挑选什么样的葡萄酒与之搭配？

7. 广西风味的菜式偏酸辣口感，如螺蛳粉、酸笋牛肉、漓江啤酒鱼等佳肴无不让人垂涎三尺，与酸辣口感的菜式进行搭配你建议选用什么类型的葡萄酒？

8. "驴打滚"是北京菜里的一道著名的甜品，你建议选用什么类型的葡萄酒与这道甜品相搭配？

9. 鲁菜中的油焖大虾采用清明前渤海湾的对虾作为食材，肉质鲜嫩，加上"油焖"的烹饪技法，油润适口。作为侍酒师，你会推荐什么类型的酒水与之相搭配？说说你的理由。

10. 中秋节到了，餐厅决定设计一款中秋礼盒，除了月饼之外，你还会建议搭配什么产品让礼盒价值更高且更加具有文化内涵？

11. 七夕节之际，请为餐厅选择三款适合在七夕节销售的葡萄酒。

侍酒服务与管理

侍酒服务与管理

单元 5

餐厅酒单设计和酒水定价

Unit Five

内容提要

餐厅的酒单是餐厅的一扇窗口。酒单设计是否专业、定价是否合理、更新是否及时等都是决定客人是否会消费酒水的重要因素。本单元学习的重点是酒单设计和制作的材质、酒单的内容和酒水定价策略。结合这些内容的学习，侍酒人员将具备设计和制作一份专业酒单的能力。

　　餐厅酒单的设计和制作是餐厅酒水管理人员的一项重要职责。酒单是餐厅酒水销售极其重要的工具，是客人了解餐厅选酒的第一媒介。经过精心设计的酒单，能够吸引客人的关注，提高客人点单的几率；而制作粗糙的酒单则是餐桌上的鸡肋，即使是餐厅的员工都没有勇气拿出来与客人分享。因此，餐厅酒水管理人员应该十分重视酒单的设计和制作，同时还要对酒单进行日常更新和管理，从而确保客人能够对餐厅酒品留下完美的"第一印象"。

5.1　酒单的设计与制作

5.1.1　酒单的尺寸设计

　　在欧洲一些高端的餐厅，他们的酒单往往是如字典一般厚重的册子。这种酒单将餐厅丰富的藏酒全部罗列出来，能够彰显餐厅的实力和专业度。但是除了这些高端的餐厅外，大部分餐厅的酒单设计都是相对比较简约的，所提供的酒虽不多，但却是经过餐厅侍酒师精挑细选的最适合餐厅销售的"精品"。我们在单元 7 "餐厅酒水的选品和采购"中将会提到，采购酒水是餐厅的一项重大投资，如果储存的酒水太多，会给餐厅的运营带来资金压力。大部分餐厅的酒单都是折页式的设计，这样的酒单一目了然，如果需要更换酒单的内容，即使重新制作其成本也相对较低。

5.1.2　图形与文字相结合

　　欧美餐厅的酒单，通常只是将酒水的品牌、产地等信息用文字描述出来，而很少搭配酒水的图片。这是因为对于比较熟悉酒水品牌和产区（通常是本地产区和本地品牌）的当地消费者来说，文字的描述已经足够。但是对于我国消费者来说，一本酒单中有一部分的产品来自国外，对于陌生的品类、陌生的品牌和陌生的产区，国内的消费者往往需要借助图片来帮助认知和选择（如图 5-1 所示）。因此我们建议国内的餐厅在设计酒单时，对于一些非知名品牌的酒水，可以将酒水的酒标或者瓶身的图片在酒单中展示出来。这样既可以吸引消费者的眼球，也能够让客人了解更多酒品的卖点，从而增加酒品被点选的几率。

图 5-1　配图的餐厅酒水单

5.1.3　酒单与菜单的区分

在欧洲，几乎所有的酒单都是单独成册的。而在国内的大部分餐厅，我们观察到的是酒单一般会跟菜单制作在同一本册子里，并且放在最后的位置。我们认为，如果餐厅确实希望扩大酒水的销售，酒单是需要跟菜单分开并独立成册的。酒单如果被附着在菜单的最后几页，当客人点完菜后，一般不会再提起兴趣去浏览酒单。因为这样的酒单容易让人觉得过于随意，缺乏专业度，因此不会再去挑选酒水。如果酒牌分开成册，侍酒人员在服务的过程中可以郑重其事地向客人递上酒单，这个服务过程会让客人感觉到隆重的仪式感和服务的专业度，因此会增加客人阅读酒单的兴趣。

此外，酒单会因为季节、供应商的库存、酒水价格等因素的变化而发生改变。但凡酒单发生改变，就要及时地制作新的酒单。如果酒单跟菜单制作在一起，那么重新制作的成本会变得很高。如果将酒单单独成册，则可以减少因为更新内容而带来的重新印制的成本。

5.1.4　制作酒单选用的材质

酒单制作的材质一般根据餐厅风格的不同而选取不同的风格。一些高端的餐厅，为了与餐厅的消费档次相匹配，制作酒单的材料也非常昂贵，比如皮质的、金属的和其他特殊材料的。而一些现代风格的餐厅，酒单一般只是一个简单的纸质折页。无论选择什么包装材质，最好先研究一下本餐厅就餐人群的年龄结构和他们的审美特点，同时结合餐厅的形象和市场定位来做整体的设计输出（如图 5-2 所示）。

随着互联网技术的发展，现在不少餐厅已经开始选用扫码点餐系统，其中就包括电子化的酒单。扫码读取电子酒单的形式虽然新颖，也能够节省成本，但对于需要提供推荐服务的酒水来说，这种点单的方式并不是一个很好的选择。用手机或者用平板电脑进

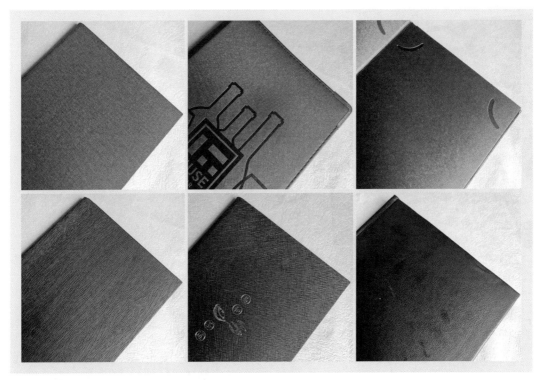

图 5-2　酒单的包装可以有不同材质的选择

行点餐，一般适合一些翻台节奏较快、菜式比较固定的餐厅；而对于一些高端的美食餐厅，人工点菜和点酒则更加能够体现服务的价值。

5.2　酒单的内容

5.2.1　内容排列的顺序

　　餐厅的酒牌会将餐厅中销售的酒水罗列出来，一般包括：鸡尾酒、葡萄酒、烈酒、啤酒。也就是说，一张完整的酒单当中通常要囊括这四种酒水品类的内容。这四种常见的酒水品类，在酒单中出现的顺序是根据客户饮用酒水的顺序来排列的。一般是从用于开胃和迎宾的鸡尾酒开始，然后到用于佐餐的葡萄酒，再到用于消化的烈酒，啤酒会给人带来饱腹感，因此一般建议放在酒单的最后面。

　　在这四种类型的酒当中，葡萄酒的排列顺序也是有讲究的。

首先是种类的排列方式。一般建议从用于开胃的起泡酒开始，到用于搭配口感清淡菜式的干白葡萄酒和桃红葡萄酒，再到适合搭配口味较浓郁菜式的红葡萄酒，放在最后的一般是甜型葡萄酒、酒精加强型葡萄酒等与甜品搭配的品类。如果在白葡萄酒和红葡萄酒中有数款选择，那么可以选择用两种方法进行排列，第一种选择是按照口感的浓淡程度进行排列，比如未经过橡木桶陈年的酒一般放在前面，而经过橡木桶陈年的酒放在后面。第二种选择是按照价格的高低进行排列，价格低的放在前面，价格高的放在后面。而实际上，第一种排序方式和第二种排序方式所呈现出来的结果是基本一致的。

5.2.2　产品搭配

在不同类型的餐厅中，上述四个品类的酒水占比是不一样的。品类的占比通常是由餐厅的价格定位、菜式特点和就餐场景来设定的。

比如火锅和烧烤类型的餐厅中，啤酒的占比会相对较高，而葡萄酒的占比会相对较低。这是因为火锅和烧烤类餐厅的用餐氛围更为轻松，啤酒的饮用场景设定更加符合这种轻松、无拘束的场合。另外是因为火锅和烧烤类餐厅的菜式入口灼热，且辛辣、重油，经过冰镇的啤酒可以给用餐的宾客带来清冽爽口的快感。

然而在一些定位比较高端的中式正餐和西式正餐的餐厅中，酒水的比例则有所不同。一般用于佐餐的葡萄酒所占的比例会较大；而根据中国消费者的消费习惯，烈酒也常用于佐餐，因此所占的比例会排到第二；鸡尾酒和啤酒所占的比例则相对较小。

5.2.3　产品信息

在酒单中呈现的酒款，必须标注一些必要的产品信息，以方便顾客进行选择。如表 5-1 所示，不同品类的酒水需要标注的信息是不同的：

在撰写产品信息的时候，要注意既要满足顾客了解产品的需求，又要简明扼要，避免连篇累牍。一些餐厅酒水的表述，篇幅巨大，其实对于顾客来说是毫无意义的。我们要知道，除了让顾客阅读酒单上的产品信息外，侍酒师还要承担向顾客介绍酒水的职责，这样可以将文字描述和口头介绍的内容结合起来。

表 5-1   不同品类的酒水在酒单中应该体现的产品信息

品类	产品信息
鸡尾酒	名称、基酒、装饰物、口味、调制方法、价格，有必要的话还可以描写出处
葡萄酒	庄园或品牌名称、年份、等级、产国、产区和子产区、净含量、酒精度、主葡萄酒品种、口感特点、适合搭配的餐厅菜式、主要奖项、主要卖点、价格
烈酒	品牌、等级、年份、品类（干邑、雅文邑、波本威士忌、苏格兰威士忌等）、产地、净含量、酒精度、主要奖项、主要卖点、价格
啤酒	品牌、品类、产地、口感特点、净含量、酒精度、价格

5.2.4　餐酒搭配做进酒牌

　　一些餐厅的菜单，会对每一道主菜进行细致的餐酒搭配的研究，并将餐厅认为最适合搭配该菜式的葡萄酒与菜式捆绑销售。客户在选择价值高的主菜的时候，往往希望能够通过各种方式突显该菜式的价值，彰显主人在待客上的心思。在这种情境下，葡萄酒的点单率将会迅速提升。例如，如果餐厅推出以"吉拉多生蚝"为当季的主打菜式，这个时候往往会在菜单上面直接推荐一款来自法国夏布利的高酸度的葡萄酒。若葡萄酒与生蚝共同消费，顾客还可以享受推荐葡萄酒的折扣优惠。有些商家甚至直接做出"买生蚝，送白葡萄酒"的买赠促销活动。这种直白的"推荐式＋捆绑式"的销售方式正得到越来越多餐厅经营者的认可。

5.2.5　设置"店酒"（House Wine）

　　在餐厅中，要设置一款具有餐厅特色且性价比最高的酒。该酒应该适合搭配餐厅的绝大多数菜式和适合餐厅的绝大多数就餐情景。通常在顾客希望消费葡萄酒却不知道如何选择的时候，服务人员可以直接推荐餐厅的"店酒"作为第一个参考的对象。一般餐厅会准备红葡萄酒和白葡萄酒各一款作为"店酒"。由于销售量较高，"店酒"是可以按杯销售的。

5.2.6　设置不同容量的选择

　　在欧洲的大部分餐厅中，一些受顾客欢迎的中低价位的葡萄酒，通常会按照杯卖（by glass）（如图 5-3 所示），或者按照半瓶卖（demi）。这样销售的目的是增加酒水销售的灵活性。

有一些顾客只有一个人或者两个人来吃饭，无法喝完一瓶 750 毫升的葡萄酒。因此按照杯卖或者半瓶卖能够满足这些顾客的饮用需求。目前大部分品牌的葡萄酒为了适应餐饮市场的需求，也会灌装 375 毫升和 187 毫升的葡萄酒。

这些散卖的葡萄酒，在开瓶后通常都会有一定的被氧化的风险，因此许多餐厅也会配备分杯机。这种设备的工作原理是在开启后的酒瓶中注入惰性气体，以此来阻隔氧气与酒液的接触（可参考单元 2 "侍酒服务的工具及其维护"）。除分杯机这种可以同时放置多瓶葡萄酒的大型设备外，也有便携式的只用于一瓶酒的小型装置（如 CORAVIN）。这些装置最长可以使酒液保持一个月时间内不发生变质。因此非常适合希望将多种葡萄酒分杯销售的餐厅。然而这种设备的造价较高，在投入前应该考虑与销售相关的投入产出比。

图 5-3　酒单上按杯卖的价格设置

5.3　餐厅酒品的定价方法

任务 66 | 管理能力

了解在制定酒单产品价格时考虑的因素

建议学习方法
理解、分析

5

餐厅的酒水定价有许多重要的细节考量。做出合理明智的定价，能够在促进酒水的销量同时，让餐厅赚取丰厚的利润。首先，每一个餐厅根据自己的租金成本、用人成本、营销成本等运营因素，通常会对销售的菜品和酒品有一个相对固定的利润诉求。根据这个客观的条件，可以给餐厅酒水利润率进行初步的设定。其次，餐厅酒水的售价要与餐厅的定位和人均消费相匹配。在充分考虑这个因素的前提下，我们已经可以对餐厅销售葡萄酒的价格区间做一个大致的设定。餐厅酒水的价格制定通常有以下几种方式：

5.3.1　对标零售

在信息高度透明化的今天，大部分品牌的价格，或者是同等级产品的价格，都可以轻而易举地在各大电商平台获取。一些现有的 APP 软件，可以通过酒标识别来直接查询酒水的价格。

许多在餐厅消费葡萄酒和烈酒的顾客，在点酒之前都会有意查询酒水零售端的售价作为判断性价比的依据。因此，餐厅在给每一款酒水定价的时候，要对该品牌，或者该等级产品的网上主流售价做一个全面的调研。一般来说，对于同一款酒水，餐厅的售价会比零售终端的均价略高出 30%~50% 不等。如果餐厅葡萄酒售价与网络实际销售的零售价格相差过大，不仅会影响该葡萄酒的销售，甚至会让顾客觉得餐厅的其他酒水的定价也不合理，从而影响销量。

5.3.2　对标竞品

针对一些曝光率极高的流通品牌的酒水，餐厅的定价可以参考这些品牌在其他餐厅的销售价格。这类酒水的销售价格和销售量是直接挂钩的，只有能够产生销售量的价格才是合理的定价。通过对于其他餐厅相同品牌或同等级酒水的定价和销量的观察，餐厅也可以制定出该产品在本店酒单中的定价。

5.3.3　设定具有引导作用的价格

餐厅中众多不同类型的酒类产品，让顾客看上去眼花缭乱。如果一个餐厅按照酒单上的产品进行均衡备货，那么会导致成本高且变得不现实。餐厅往往希望顾客挑选其酒单中利润最高的产品。这种酒水的特点通常是口感大众化、品牌知名度低、进货价格有优势。因此，在设计酒单的时候，餐厅应该引导宾客去点选这些价格适中、餐厅利润又相对较高的产品。对于一些销量较大的品类，比如干白葡萄酒和干红葡萄酒，餐厅可以在同类产品中设置一个最高价、一个最低价，然后把希望主推的利润产品放在中间价位。顾客在不了解品牌的情况下，一般会倾向于选择中间价位的产品。

5.3.4　设置外卖酒水的定价

除了堂饮的酒水定价外，为了扩大酒水销售的营业额，一些餐厅还提供"外卖"的酒水定价。"外卖"的酒水，由于减少了服务环节，因此价格会在"堂饮"价格的基础上打折。具体的折扣幅度根据每家餐厅的情况而有所不同。一般不建议折扣幅度过大（如低于八折）。"外卖"酒水价格的折扣幅度过大，会让宾客认为餐厅"堂饮"酒水利润过高，从而影响客人在餐厅买酒消费的意愿。

5.4 酒单的更新管理

即使餐厅中的酒单制定妥当，也经常会出现售罄的情况。比如说，同一品牌某一个年份的酒水经常会出现售罄的状况。这些售罄的产品，有些可以让供应商补货，而有一些则是永久性断货，也就是说供应商也没有这个年份的产品库存了。

除了售罄的状况外，一些品牌知名度较高的烈酒，到每年的中秋和春节两个销售高峰期，价格都会出现较大幅度的波动，如果餐厅进货的价格比制定酒单的时候预计的价格要高，那么就需要对销售价格做出修改。

当遇到这种酒单信息需要变动的情况，餐厅绝不能置之不理。当宾客挑选到一款心仪的产品，最后却被告知这个产品已经售罄或者这个产品的价格要提价的时候，可想而知宾客是极其扫兴的。对于酒单的更新管理，餐厅侍酒师和酒水管理人员需要做到以下几点：

（1）在酒单改动信息不多的情况下，可以用白色的涂改带涂掉价格，并注明"售罄"二字。这样可以使顾客在点单的时事先看到售罄的信息。

（2）如果价格出现变动，那么也可以用白色的涂改带遮住原价，并写上最新的价格。在这种情况下，一定要事先跟顾客进行解释。

（3）对于一些经常点选某一个品牌酒水的常客，在该品牌售罄的情况下，侍酒师或者餐厅酒水管理人员应该在其入座的时候就事先通知客人该品牌酒水售罄的情况，并主动推荐酒单中的替代品。

（4）对于任何一款售罄或者价格更改的产品，餐厅侍酒师或酒水管理人员都要制定替代品的方案。

（5）如果改动的信息较多（如超过三个品类），那么餐厅应该考虑重新制作酒单。

任务 67 | 管理能力

能够结合所学习的关于酒单设计、制作、内容结构和定价知识，制作一份完整、专业的酒单

建议学习方法
小组实操

技能考核

根据 2021 年美团和大众点评发布的《黑珍珠餐厅指南》，中国内地有 225 家餐厅上榜，选择其中一家餐厅，根据大众点评提供的菜系、菜式、人均消费、顾客评论、所在城市等信息，为其制定并设计一套酒单。

5　思考与实践

1. 餐厅的酒单是不是越丰富越显得专业？
2. 用平板电脑或者手机扫码呈现的酒单会不会显得不够专业，让客人失去消费酒水的兴趣和动机？
3. 如果餐厅酒单所呈现的信息已经非常全面，侍酒师或者前厅服务人员还有必要了解每一款酒的详细信息吗？

侍酒服务与管理

单元 6

餐厅酒水销售

Unit Six

内容提要

酒水的动销是一家餐厅运营酒水的主要目的。如何分析就餐
人群酒水消费的动机，如何打造适合酒水消费的餐厅整体环
境，这是本单元首先要学习的主要内容。其次，本单元还将
详细阐述酒水在餐厅中销售的流程以及与客人交流时的沟通
技巧，让学习者真正具备在餐厅中销售酒水的能力。

　　向宾客推荐酒水，实现酒水销量的提升是侍酒师最核心的职业价值。餐厅酒水销售应该结合餐厅的环境、人和物进行，其目的在于提升餐厅酒水销售的营业额，为餐厅创造菜品以外的利润收益。在欧洲，由于酒水的毛利率较高，因此酒水是餐厅利润的重要来源。欧洲的高级餐厅普遍对于酒水的营销非常重视。

　　在餐厅环境中，由于大多数客人不喜欢被生硬地推销酒水，而更多的是在认同餐厅消费环境后主动选择消费酒水。因此只有努力打造餐厅的酒水消费氛围，"以营代销、以营促销"的方式才会被就餐客人广泛接受。本单元会首先分析影响客人在餐厅酒水选择方面的多个因素；然后探讨如何通过打造"五觉好感"体系来提升餐厅的酒水消费氛围，最后跟大家分享在餐厅中进行酒水销售的一些技巧和方法。

6.1　影响客人酒水选择的因素

任务 68 | 管理能力

了解在餐厅情境下影响客人酒水消费的八个因素

———

建议学习方法
理解、分析　5

　　当客人翻开一本酒单的时候，到底是什么因素影响他们消费酒水的行为（例如：点酒还是不点酒？点什么类型的酒？）？接下来我们就探讨一下这些主要的因素，以及作为侍酒师在工作中应该注意的细节。

6.1.1　客人个人口感取向和喜好

　　客人对于酒水的选择，有时候完全是出于自身的喜好。这种喜好有可能是对于某一品牌的热衷，也有可能是对某一种口感类型的热爱。我们在本书单元 4 "佐餐酒水的餐酒搭配"中表明过，世界上没有任何一个固定的餐酒搭配定律或准则，搭配的首要标准就是"客户的满意度"。也就是说，只要是客人喜欢的，我们都应该尽可能地尊重并满足。即使在某些情况下，客人的选择看起来非常不符合逻辑、不专业甚至非常滑稽。然而作为侍酒师，在适当表达自己的观点后，如果宾客依然希望坚持自己的选择，我们都应该欣然接受，并以最佳的状态为客人提供服务。

　　侍酒师的一项主要任务，就是要从餐厅的目标客户群体的喜好以及本餐厅菜品的口味出发，对餐厅的酒单进行精雕细琢。许多餐厅的选酒，多来自餐厅老板的个人喜好，这样选出来的酒，很可能在市场上是没有吸引力的。真正优质的酒单是要通过综合多方面的意见而形成的，这其中包括餐厅主厨的意见以及一些常客的意见。具体选酒的方法，请参阅本书单元 7 "餐厅酒水的选品和采购"中"供应商的评估和筛选"的内容。

6.1.2　客人就餐的人数和类型

就餐人数也是决定客人酒水消费选择的一个重要因素。在就餐人数多的情况下，客人往往会考虑到预算的限制，因此会倾向于选择价格稍低的酒品。在就餐人数少的情况下，饮用酒水在整个餐饮消费中的占比可以相对提高，因此客人会选择单价较高的酒水。

就餐客人的类型也决定了选酒的方向。如果在就餐的人群中，有一些客人或者有某一位客人对于酒水有一定的了解，那么他或他们可能会选择比较考究的、精品小众的酒水；而如果就餐的宾客对于酒水配餐知之甚少，那么他们一般会倾向于选择价格亲民且具有较高品牌知名度的酒水。侍酒师可以从就餐宾客的特征和心理预期出发，为宾客推荐适合的酒水。

6.1.3　客人的就餐预算

客人在决定餐酒搭配的时候，预算是不得不考虑的因素之一。一些客人其实是希望在餐厅点酒助兴的，但往往因餐厅中的酒水价格过高而却步。对于餐厅来说，应该在同等风格中设置不同价位的酒水供宾客选择，同时最好还要提供按杯卖或者按半壶（375毫升）卖的选择模式。这样不仅可以让更多的客人在餐厅中享用到酒水，体验餐酒搭配带来的愉悦；同时还可以渲染餐厅的饮酒氛围，从而带动更多的宾客在餐厅中消费酒水。

6.1.4　客人就餐的目的

在任何一个国家的餐桌文化中，宴会的目的都是影响宾客点酒点菜的主要因素。根据客人的宴会目的来为其进行酒水推荐，是侍酒师必须掌握的基本技能。可以毫不夸张地说，大部分时候我们所做的"餐酒搭配"，更多的是带有目的性的与就餐场合之间的搭配，而不仅仅只是口味之间的搭配。不同类型的宴会场景所匹配的酒水类型如表6-1所示。

表6-1　不同类型的宴会场景所匹配的酒水类型

宴会场景	宴会目的	应该推荐的酒水类型
正式商务宴请	向客户或商业伙伴表明价值	品牌知名度高、品牌名称有一定的寓意
非正式商务宴请	向客户或商业伙伴表明自己"用心准备"	有特色、有话题和卖点、知名产区、小众品牌
亲密熟悉的伙伴之间的商务宴请	向客户或商业伙伴表明"为客户提供特别而专属的服务"	稀缺程度高、往往不会在餐厅点酒而会自带酒水
谢师宴	表达尊敬和感谢	满足老师个人对于品牌、口感和种类的喜好
家庭聚餐	联络感情，孝敬长辈	性价比高、满足家庭长辈的喜好、口感好
朋友聚会	沟通、聊天、交新朋友	有特色、有话题和卖点、性价比高
情侣约会	取悦对方，表达爱意	满足对方的喜好、品牌有相关的寓意
生日聚会	活跃气氛	"派对"标签、品牌有相关的寓意
婚宴	突显喜庆、和谐和幸福	红色喜庆包装、具有良好"意头"的产品

1. 商务宴请

在众多的消费场景当中，商务宴请可以说是最常见的一种类型。其消费的主体是被宴请的宾客，而非主人。商务宴请根据主宾之间熟悉的程度，又可以分为许多不同的层次。它既可以是一种非常正式的接待，也可以是一种介乎于商业伙伴关系与朋友关系之间的非正式接待，甚至也有可能是在常年合作后，彼此关系十分融洽的"朋友式"接待。根据彼此间关系融洽的程度，对于酒的选择也会有所不同。在比较正式的接待中，一般会选择大品牌的酒水产品。因为这类酒水的价格显而易见，这样比较容易通过产品价格定位看出接待的层次和主人的重视程度。所以在面对商务宴请的客户时，侍酒师应该首先推荐知名品牌产品，然后再根据客人的反应做出调整。

2. 私人聚会

在私人聚会场合，一般以口感和性价比为主导，因为消费的主体是本人或者本人亲密的家人及朋友。这个时候一般会减少对于品牌知名度的追求，而关注自身的味觉喜好，或者对于酒水性价比的追求。所以在面对私人聚会类型的场景时，侍酒师应该从客人点选的菜品出发，首先推荐本店最具有性价比的产品，然后根据宾客的反应做出调整。

上述两种类型的聚会，只能够概括地说明两种不同性质的就餐场景。如果将宴会场景和宴会目的再做细分，我们还可以分析出更多不同的影响宾客酒水选择的因素。

6.1.5　餐厅的环境和氛围

餐厅的环境和氛围是客人考虑是否消费酒水的重要影响因素，具体是指客人置身于餐厅之中的所有感受，其中包括视觉、听觉、嗅觉、味觉和触觉五个维度的切身体会。针对这个被称为"五觉好感"体系的就餐环境建设工程，我们将在本单元下一个部分"6.2 打造餐厅环境的'五觉好感'体系"中进行详细讲解。

6.1.6　酒单的设计

一个餐厅的酒单对于酒水的销售来说非常重要，一份专业的酒单能够体现侍酒师团队对于餐厅菜品的深入思考。这种经过精心挑选的酒单，与菜品的匹配度和关联度很高，因此能够提起宾客希望尝试的兴趣。相反，如果一个餐厅的酒单与本餐厅的菜式或者用餐人群没有匹配程度，那么这就是一份我们所谓的"没有灵魂"的酒单，这种酒单自然也无法让客人提起买酒配餐的兴趣。

6.1.7　主打菜式的食材、烹调方式和口味

客人选酒的时候一般会以主打菜式作为考量的主要因素。主菜的食材和口味决定了宾客佐餐酒水的选择。比如以生蚝为主题的餐厅，客人一般会选择白葡萄酒；而一家以牛排为主菜的餐厅，客人则一般会选择红葡萄酒。对于菜式丰富的中式餐厅而言要考虑的因素则更多，除了食材外，还要考虑不同菜系的口味特点。

客人有的时候是基于酒水挑选菜式，有的时候是基于菜式挑选酒水。宾客对于酒水或者菜式的选择，完全取决于其自身的生活经验或者曾经有过的餐酒搭配经历。许多资深的美酒美食爱好者，反而不喜欢循规蹈矩，他们更加愿意跳出一些传统"教条"的限制，去尝试一些新的搭配方式，探索未知的味觉体验。

味觉因素对于宾客餐酒搭配选择的影响是非常主观和个性化的。作为侍酒师，我们可以结合本店的选酒和菜式，将一些比较容易受到欢迎的搭配组合推荐给客户（可参阅本书单元 4 "佐餐酒水的餐酒搭配"）。但是不能够固执地向客户推荐自己认为所谓"合理"的餐酒搭配组合，应该更多的是让客人自己去挑选。如果客人的主观意识强，对于餐酒搭配有一定的经验，那么应该听从客人的选择；如果客人的主观意识不强，在选酒的时候犹豫不决，那么侍酒师则可以适时介入，给出自己的推荐意见。

6.1.8　季节

客人在考虑选酒配餐的时候也会考虑到季节的因素。在天气炎热的时候，常常会选择白葡萄酒或者起泡型葡萄酒。这种类型的葡萄酒在饮用的过程中需要做降温处理，因此口感冰凉可口，在盛夏酷暑的季节能够给人带来清爽舒畅的用餐体验。

在天气转凉后，客人一般会倾向于挑选酒精度略高、口感浓郁的酒水。比如来自澳大利亚的酒精度 14 度以上的设拉子葡萄酒或者经过橡木桶陈年的霞多丽白葡萄酒等。厚重的口感和烧灼的酒精会带给人一种"舒适、温暖"的感觉。因此侍酒师在向客人推荐酒水的时候可以将季节的因素考虑在内，以提升动销的可能性。

6.2　打造餐厅环境的"五觉好感"体系

任务 69 | 管理能力

能够结合所学习的关于餐厅"五觉好感"体系的知识对某餐厅进行现场诊断，制作餐厅"五觉好感"体系控制表格并提出改进意见

建议学习方法
小组实操

打造及维护餐厅酒水的消费场景，通过氛围的营造促使宾客在愉悦的状态下产生饮酒的兴趣，继而通过销售达成餐厅赢利的目的，这也是侍酒师的一项重要工作职责。可以说，不同的环境会带来不同品类的酒水的销售，例如：一些休闲的、开放式的环境会促进啤酒的销量；而一些高雅的、私密的环境则会带动葡萄酒、烈酒等品类的销售。下面我们将主要针对葡萄酒和高档烈酒的销售，探讨适合这些品类消费氛围的细节打造。

在现代商业空间的设计中，越来越提倡"五觉"系统的打造。五觉系统包括人类的"视觉""听觉""嗅觉""味觉""触觉"。"视觉"指的是客人进入餐厅后对所能看到的有助于酒水销售的一切内容的反应，这些内容大到餐厅的整体装修风格，小到桌面的一个小型摆件，都能够对酒水销售起到辅助作用；"听

觉"指的是客人在进入就餐环境后对所能够听到的与酒水销售直接或间接相关的一切内容的反应，这里包括背景音乐、人发出的声音以及器物发出的声音等；"嗅觉"指的是客人在就餐环境中对所闻到的气味的反应，这些气味来自于环境中令人放松愉悦的香气、菜品所散发出来的诱人香气和酒水散发出来的香气等；"味觉"是指客人在品尝菜式或者酒水后味蕾的直接反应；"触觉"则涵盖了宾客在进入餐厅后肢体所能够感触到的点点滴滴，包括座席的舒适程度、器皿的触感、温度等。

"五觉好感"体系的打造是一个经过精心策划的系统工程，而与酒水销售相关的"五觉好感"体系的打造则是餐厅整体"五觉"体系中的细化工程。这当中包含了许多我们人为植入的因素。其目的是让宾客从进入餐厅的那一刻起，与酒水消费相关的"五觉"感知体系能够被充分地激发出来，从而形成一种对餐厅就餐氛围、服务质量和酒水服务专业度的"信任感"和"亲切感"，继而接受在餐厅服务人员的引导下进行消费。为了触发客人消费酒水的意愿，我们对餐厅内与酒水销售相关的"五觉"体系中的细化因素进行了深挖和研究，以下内容可供餐厅侍酒师和餐厅管理人员参考。

6.2.1 "视觉好感"体系中的触发因子

视觉的冲击是五觉中最直接和最强烈的。宾客目光所及之处，不论是美的还是丑的，干净的还是肮脏的，整齐的还是混乱的，高雅的还是媚俗的，都会给宾客留下深刻的印象。在网络媒体极度发达、传播速度极快的今天，餐厅中的任何一个角落，都有可能被宾客通过社交媒体暴露在公众视线之下。因此，餐厅将整体的视觉效果进行精心打造，不仅仅会带来"视觉"感官的好感，增加宾客消费的欲望，而且从营销传播的角度来说，也是一种极佳的宣传手段。

1. 灯光效果

与"视觉"相关的第一个因素就是灯光效果。在高档的餐厅中，过于明亮或者过于暗淡的灯光效果都不是最佳的选择。整体氛围偏暗，用餐桌面通过聚光灯的效果增加亮度，让宾客的视觉集中在用餐的桌面上，从而强化餐食的色、香、味等价值。这样的灯光视觉效果是目前高端餐厅中常见的方案。这样的灯光效果增加了用餐环境的私密感，适合朋友之间的聚会。"明暗结合"的灯光效果打造的是私密的就餐氛围，这样可以使宾客的注意力集中在美食和与朋友间的交谈上，因此也增加了"亲密、和谐、轻松、浪漫、无拘束"的氛围。在这种灯光渲染的氛围下，一杯美味的葡萄酒便成为客人助兴的工具，因此给推销酒水带来了极好的契机。

此外，一些高档的中、西餐厅也不排除使用明亮的灯光效果。这种"明亮"的效果应该由柔和的黄、白搭配的灯光构成，而避免单用白炽灯产生过于刺眼的效果。"柔和明亮"的灯光效果会给人带来一种"舒适、高贵、整洁、雅致"的用餐环境。这种氛围通常适合高端商务宴请，同时优雅的环境与美酒美食的品鉴也相得益彰，因此也对酒水的动销有极大的帮助（如图 6-1 所示）。

餐厅的灯光效果也与餐厅的整体设计风格有关。无论是什么类型或者是什么风格的餐厅，光线的明与暗都需要与餐厅的整体用餐环境相融合，让人感到舒适放松，这样才能够创造出适合饮用葡萄酒的氛围。

2. 葡萄酒陈列架和恒温酒柜

外置的葡萄酒陈列架或者恒温酒柜的合理设置也能够给客人带来与酒水消费相关的视觉冲击。目前，许多新装潢的餐厅将整面墙体改造成为恒温的葡萄酒展示柜。琳琅满目的葡萄酒陈列让客人进入餐厅后就能立刻感受到葡萄酒带来的视觉冲击（如图 6-2 所示）。好奇的客人甚至会走到酒柜跟前去打量所展示的葡萄酒并且拍照留影或者品评一番。

这种明显的葡萄酒展示，首先释放的一个强烈信号是"本店卖酒"；第二个通过"恒温""恒湿"等条件向客人表达"本店在酒水储存方面是专业的"，从而突显侍酒服务的专业程度；第三，本店所销售的大部分酒水都可以在酒柜中一览无余，让宾客在没有打开酒单之前就对餐厅选酒有了一定的了解；第四，这种整齐划一的摆放设置，会让人感到置身于高端的酒水氛围之中，增加酒水消费的欲望。

图 6-1　采用柔和明亮灯光效果的餐厅用餐环境

图 6-2　与餐厅墙体镶嵌在一起的葡萄酒恒温展示柜

3. 酒房

一些场地宽裕的餐厅还设置有独立的"酒房"。当客人到店的时候，侍酒师会带领客人到酒房进行参观。这如同一个专业的小型"酒窖"，当中的温度、湿度和音乐的搭配会给参观者带来切身的触动；一些高端的"店藏酒"也会放置在酒房之中供宾客观赏。通过这种专业设计的参观动线，在侍酒师的引导和讲解之下，顾客会学习到许多与酒水相关的知识和与本店菜式进行餐酒搭配的心得体会，从而被侍酒师带入酒水消费的氛围当中。

4. 代客存酒

一些餐厅在外场或者在酒房中，还会有一个专门的柜子存放客户没有喝完的酒。这些酒以烈酒居多（威士忌、白兰地、中国白酒等），通常会被挂上能够识别宾客身份的编码吊牌再做存放。这种"代客存酒"的小区域也会释放出许多有助于酒水销售的信息：第一，有许多客人在本店消费酒水，并且是重复在本店消费酒水，这说明本店是一个适合饮酒的地方；第二，本店是值得信赖的商家，客人都愿意将酒存放在店内保管；第三，本店有专业的"代客存酒"服务，突显侍酒服务的专业度。

5. 商品堆头摆放区

许多餐厅在玄关的位置会精心设置一个商品堆头摆放区。根据不同的季节，餐厅在这个摆放区中会陈列不同类型的商品（如端午节陈列粽子、中秋节陈列月饼等）。然而无论陈列什么类型的食品，我们都建议将酒与食品一起陈列，比如陈列粽子的时候，可以挑选一款与粽子搭配的葡萄酒，加上精美的应季礼盒，与粽子一起打包销售。而在没有特殊节庆或者不需要推广某种食材的时候，也可以把酒水拿出来做单独的推广。这种经过精心陈列布置的区域也会引起客人的好奇，从而驻足欣赏或拍照。一些相关的促销信息可以以精美折页的方式摆放在一旁供客人索取阅读。

6. 品牌展示柜

一些著名的品牌，会在餐厅中设置"品牌展示柜"。酒水品牌展示柜通常是在餐厅与某一酒水品牌缔结了合作协议后由品牌方提供的，具有统一的设计，放置的产品数量不多，以彰显品牌形象为主要目的。这种设置可以向消费者传达的信息包括：第一，本餐厅与该酒水品牌是合作伙伴，彼此背书；第二，在本餐厅中消费该品牌的酒水会有品牌方的支持，甚至可能有相应的买赠福利；第三，本餐厅是一个值得信赖的饮酒场所，拥有专业的侍酒服务团队。这些信息都有助于酒水在餐厅中的推广和销售。

7. 电视轮播

在一些餐厅中，尤其是在一些高端中餐厅的包房当中，会设置有挂墙的电视。电视轮播的内容可以带来不少关于酒水宣传相关的视觉冲击。在餐厅内轮播宣传内容的电视，我们建议只显示图像而不播放声音。在餐厅大堂的电视可以持续播放，而在包房的电视则最好征求客人的同意再播放。与酒水相关的可以给宾客带来视觉好感的视频内容包括：①葡萄酒和烈酒庄园的画面，包括原材料的产地、人文风俗、当地美食、酿造的过程、生产过程等；②美食制作的过程，并最后与酒水一起呈现的视频；③本店侍酒师、大厨与美食美酒意见领袖共同品酒用餐的画面，在静音后虽然听不到所讲解的内容，但是餐酒搭配品鉴的画面已经可以起到一定的消费引导作用。

8. 器皿的提前摆放和洁静度

在欧洲的大部分餐厅，在客人用餐之前，桌面往往已经放置好葡萄酒杯。这个摆设就时刻在提醒用餐的客人"本店有葡萄酒销售"，以及"我们已经做好了向您提供葡萄酒服务的准备"，或者"本店具备专业的饮酒器皿"。这些信息，往往也会激发起客人在餐厅消费葡萄酒的欲望以促进店内的葡萄酒销售。

器皿的洁净度能够给宾客带来直接和强烈的视觉冲击效果。也许大部分宾客对于干净的器皿不会十分留意，或者即便留意后也不会多做评论，然而对一些没有擦拭干净、尚留有污渍的器皿则会产生极大的厌恶感。尤其是酒杯这种透明的器皿，如果留有污渍则更加容易被客人察觉。所以在进行酒水服务前，饮酒器皿的洁净程度是侍酒师检查工作的重中之重。

9. 其他细节

除上述一些我们讨论过的跟酒水销售相关的"视觉好感"因素外，一些细小的细节也值得我们关注。比如说一些餐厅会将当季主推的酒水产品制作成为桌牌放置在桌面让宾客更直观地看到酒水的促销信息（如图 6-3 所示）；有些餐厅会注重侍

图 6-3　放置于桌面的酒水牌

酒师的职业精神面貌和职业装束，帅气的西服、整齐干净的外表，加上代表侍酒师身份的侍酒师胸章，能够让客人感受到服务的专业度和饮酒的仪式感，从而增加饮酒的意愿；有些餐厅会将餐厅员工所获得的与酒水相关的认证证书展示在墙上供宾客阅览，这可以让宾客感知到餐厅拥有一支经过专业培训的服务团队，从而增强对餐厅选酒和服务的信任。

除了硬件外，真正能够带来视觉冲击的是侍酒师在服务过程中娴熟的服务表现。在侍酒师的服务过程中，我们提倡要加入一些能够产生"视觉好感"的环节，比如针对红葡萄酒，我们可以在宾客面前用传统的方式滗酒，用醒酒器醒酒等。对于某些新年份的红葡萄酒来说，这些操作也许并非必要，但是要知道在宾客欣赏的过程中，往往会拿起手机进行拍摄，因此这也是一项能够获得宾客"视觉好感"的操作环节。除此之外，在侍酒师的服务流程中，每一个环节其实都会映入宾客的眼帘，这要求侍酒师掌握过硬的基本功，积累与宾客互动的经验，让整个侍酒流程变得赏心悦目。

6.2.2   "听觉好感"体系中的触发因子

餐厅的声音环境也是促进酒水消费的重要保障。如果餐厅的环境嘈杂，会影响人们享用美食和葡萄酒的心情。高端的美食餐厅往往餐桌间距较大，以确保桌与桌之间有一定的私密性。许多餐厅还会在装修的时候采用一些特殊的吸音材料来给餐厅环境做降噪处理。在确保就餐环境整体音量可控的情况下，再加入一些音乐、话语、餐食准备所带来的"听觉好感"因素，也能够促进酒水的销售。

1. 背景音乐

在确保人声不嘈杂的情况下，设置一些适合餐厅风格的背景音乐，会让整个氛围的格调升华。一些中式正餐和西式正餐餐厅的背景配乐会以柔和、优雅、轻慢的风格为主。这种背景音乐不会喧宾夺主，可以为食客创造一个舒适的交谈和用餐环境。这些背景音乐往往代表了餐厅老板或者管理层的个人品味。无论是钢琴演奏还是吉他演奏，无论是纯音乐还是歌曲，无论是古典还是现代，优秀的背景音乐不仅能够让宾客感到舒适，还能够彰显餐厅的与众不同。这里，我们选取了一些建议的音乐作品供大家参考，如表 6-2~ 表 6-4 所示。

表 6-2   适合餐厅酒水饮用环境的古典音乐举例

作曲家	乐器	曲目	风格
肖邦	钢琴	降 A 大调第九号圆舞曲，作品 69：第 1 首，离别	欢快、轻盈
巴赫	大提琴	G 大调第 1 号大提琴无伴奏组曲，作品 1007：第 1 首至第 6 首	欢快、轻柔
德彪西	钢琴	贝加马斯克组曲，作品 75：第三乐章，月光	静谧、柔软
舒曼	钢琴	G 小调第 2 号钢琴奏鸣曲，作品 22：第二乐章，小行板	抒情、柔和
舒曼	钢琴	月夜，作品 39 之 5	缓慢、抒情

表 6-3　适合餐厅酒水饮用环境的近现代和流行音乐举例

作曲家 / 演奏家	乐器	曲目	风格
萨蒂	钢琴	月光曲和玄秘曲	缓慢、柔和
The Piano Guys	钢琴、大提琴	A thousand Years Perfect Love Story	欢快、轻盈
Jesse Cook	古典吉他	Afternoon at Satie's Rain Day Azul	轻快、节奏感
Jim Brickman	钢琴	Canon in D Major（Pachelbel's Canon）	平缓
Lee Morgan	爵士钢琴、小号	Ceora	轻快、节奏感
Johannes Linstead / Nicholas Gunn	鼓、萧、吉他	Don Juan Rhyme of the Ancient Forest Road to Marrakesh	轻快、跳跃
Kygo	钢琴	Kygo Life	空灵、宁静

表 6-4　适合餐厅酒水饮用环境的歌曲举例

作曲家 / 演唱	曲目	风格
Avicii	Can't Ccatch Me	风趣
Emily Hearn	Gotta Have Him	欢快
Nouvelle Vague / Vanessa Paradis	Week-end à Rome	轻柔
蔡琴	被遗忘的时光 你的眼神 恰似你的温柔	抒情、柔和
Norah Jones	Carry On	柔和、轻松
James Taylor	You've Got a Friend	柔和、休闲

2. 侍酒师语音语调

　　侍酒师服务时的语音语调也是构成"听觉好感"的重要组成部分。任何与酒相关的介绍都是通过侍酒师的语言介绍呈现出来的。侍酒师在做酒水介绍的时候，语音要低沉和缓，有亲和力和感染力；而不要高亢尖锐、语速过快，让人感觉到神经紧张或者跟不上节奏。此外，侍酒师在表述的时候，要注意"含蓄表达""有问必答"和"点到即止"，要避免在与宾客交谈的过程中插嘴、抢话和拖泥带水的陈述。

3. 现场制作食物的声音

一些餐厅会为客人提供"堂做"服务,即在宾客用餐席位的旁边完成菜式的最后一道制作。比如煎鹅肝、煎和牛、煎大虾、制作"火焰香蕉"等菜式。这些菜式在制作的过程中都会发出诱人的声响,能够提振宾客的食欲。这种现场制作食物的声音也是"听觉好感"系统的组成部分,是可以通过商家的设计而呈现出来的。由这种声响所诱发的"食欲"以及所带出的"仪式感"也会增加客户对于酒水的渴望,从而促进酒水的销售。

4. 器皿的碰撞

在宾客饮酒的过程中,器皿的碰撞同样是餐厅交响乐中一组亮丽的音符。一般的玻璃酒杯的声音比较尖锐,而水晶酒杯的声音则比较清脆悦耳。这些美妙的声响会留存在每一位饮酒的顾客心中,这代表了餐厅在侍酒服务上的投入、坚持和专业程度。久而久之,这些常被忽略的细节会形成顾客的口碑,成为推动餐厅酒水销售的又一动力。

6.2.3   "嗅觉好感"体系中的触发因子

与酒水销售相关的"嗅觉好感"体系内容相对会比较抽象。因为酒水在开瓶之前,宾客是无法通过嗅觉来感知其味道的。然而我们所谓的"嗅觉好感",除了直接感知产品本身外,还有对于用餐环境的"好感"。因此,餐厅要重视用餐环境中的"气味管理"。

在餐厅当中,可以通过放置香薰(如图 6-4 所示)或者鲜花来打造一个幽香淡雅的气味环境。这种固定的味道可以作为餐厅的嗅觉名片,让宾客一闻到这种味道就能够与餐厅的品牌形象联系起来。其次这种香气可以让步入餐厅的宾客精神抖擞、心情愉悦。在这种"雅兴"之下,饮酒的兴致也比较容易被带动起来。

图 6-4   酒店用于营造嗅觉好感的香薰

6.2.4　"味觉好感"体系中的触发因子

"味觉好感"体系的打造包括餐前和餐中两个阶段。餐前阶段指的是通过某些餐前的味蕾刺激，来引发宾客饮酒的兴趣，从而促进酒水的销售；而餐中阶段，则是在当客人品尝到餐食口感的时候，适时地向宾客做出配酒的推荐。

1. 开胃鸡尾酒

在一些高端的西餐厅中，当宾客入座后，餐厅一般会给每位宾客提供一杯免费赠送的开胃鸡尾酒。这种鸡尾酒有几个重要的作用：

（1）开胃鸡尾酒一般口感偏酸，有助于增加宾客的食欲，从而能够更好地享受餐厅的美食。

（2）鸡尾酒中带有微量酒精，能够让宾客提前进入饮酒状态。这为后期向宾客推荐佐餐用酒提供了一个很好的铺垫。

（3）通过一款免费的鸡尾酒，我们可以知道入座的哪位宾客不适合饮酒。不适合饮酒的情况有很多，比如有些人当天要开车，又比如有些人因为身体健康原因无法饮酒，等等。如果有近半数的人不能喝酒，那么侍酒师或者餐厅服务人员在点菜的时候也没有强推佐餐酒的必要。

2. 主菜

如果客人在一开始没有点酒，也不代表我们就完全丧失了销售酒水的机会。宾客点单中的主菜是烘托"味觉好感"的重要抓手。当宾客的主菜上菜的时候，我们还能够根据主菜的特点向宾客再推荐一次酒水。这个时候，在菜品口味的烘托下，餐酒搭配的效果变得更加具象化，因此侍酒师在推荐的时候也更加具有针对性。例如，侍酒师可以在经过餐桌的时候问候宾客："你们觉得我们家的这道菜出品如何？"当宾客做出正面描述的时候，侍酒师可以接着说："我们有一款来自 ×× 产区的 ×× 酒与这道菜的口味是绝配，如果各位有兴趣尝试一下的话，我随时乐意为大家服务。"

6.2.5　"触觉好感"体系中的触发因子

属于"触觉好感"的元素众多。这里我们着重讨论几个比较重要的、酒水消费人群所能够感知到的元素进行探讨。

1. 餐厅的温度和湿度

餐厅的温度和湿度可以说是"触觉好感"体系中最重要的

部分。当宾客步入餐厅的时候，皮肤对于温度的感觉是立竿见影的。一般来说，餐厅内的温度，夏季控制在 24~26℃，冬季控制在 19~24℃为宜；而餐厅的湿度控制在 30%~60%最为合适。

2. 餐厅的桌椅

餐厅的桌椅是宾客躯体和双手直接接触的地方。餐椅的舒适程度在很大程度上会影响宾客的就餐心情。一些餐厅餐椅的坐垫过于柔软，让宾客落座的时候有一种陷入的感觉，而在用餐的时候又不得不挺起腰身才能够正常进食；而有些餐厅的餐椅又过于坚硬，以至于久坐后客人会感到疼痛和疲惫。有一些餐桌以云石作为桌面，这种类型的桌面触感过于冰冷，当与器皿接触的时候会发出尖锐刺耳的声响，让人胆战心惊。从酒水消费的角度出发，餐厅应该考虑以下几个因素：第一，但凡消费酒水的宾客其用餐时间一定会比不消费酒水的宾客要更长，因此餐椅要软硬适中，过硬或者过软都会给肢体造成疲惫感；第二，饮酒过程中会用到大量的玻璃和水晶器皿，因此要尽量选用木质桌面；第三，餐厅有别于酒吧，应该选用一些座高较高的餐椅而不是软体的沙发。

3. 餐具

除了餐厅桌椅外，摆设在桌面的餐具也能够给客人带来触觉上的体验。在高级餐厅中，摆设在桌面的餐具包括：餐盘、餐刀、餐叉、筷子、筷架、餐巾布等。一些正规的西餐厅，还会根据菜单添设牛扒刀、主餐叉、鱼刀、鱼叉、汤勺、甜品勺、甜品叉等。一些讲究的餐厅，还会在餐桌上摆放胡椒和盐的研磨器和花瓶。所有在餐桌上呈现的餐具，客人都有可能会接触到。这些用具在挑选的时候，一定要注重质感，以及在造型上最好能够跳出常见的款式，突显餐厅的特色。一些餐厅的餐具上都会打上餐厅的 LOGO（如图 6-5 所示），这会让客人感觉到餐厅的用心和专业度，而专业度则是转化销售的有效引擎。

图 6-5　宋川菜餐厅的纯铜制作的筷子架，六边形中式古典外框，用宋体铸造的"宋"字，突显品牌形象，手感厚重，触摸质感强烈

4. 酒具和酒器

饮酒用的酒具和酒器是与饮酒触觉直接相关的物件。器皿的材质对于一些比较专业的客人来说是非常重要的，因为他们认为器皿的材质会影响酒水的视觉、嗅觉和味觉的整体效果。比如饮用葡萄酒的时候，水晶材质的器皿由于轻、薄、透光性良好以及碰撞的声音清脆悦耳，因此更容易得到专业的客人青睐。然而商家也要充分考虑到水晶器皿比较容易破碎且更换的成本较高等特点，因此要结合实际情况选用。

在一些高档的日本料理餐厅，用于饮用清酒的杯具都属于老板的藏品，无论是做工、质感还是设计都别具一格，极具欣赏价值。在宾客饮酒之前，酒水服务人员会将这些酒杯呈现给宾客，让宾客挑选自己喜欢的款式来饮酒。这种服务将器皿与宾客的关系做到了极致，让宾客在"把玩"器皿的同时品尝美酒，由此而带来的"触觉好感"不言而喻。

5. 器皿的温度

在对白葡萄酒或者起泡酒进行侍酒服务的时候，有些侍酒师会事先将杯子放入恒温酒柜或者冰箱冷冻室进行冷冻。被冷冻过后的杯子，在拿出来与空气接触后，会有一层漂亮的白雾附着在杯子的内壁上（如图 6-6 所示），非常优雅悦目。当宾客握在手中时，冰凉的感觉顿时通过手心沁入心脾，与白葡萄酒带来的冰爽的感觉瞬间形成呼应，让宾客体会到一种别致的"触觉好感"。

此外，这种冰冻过的杯子与需要冰镇饮用的葡萄酒搭配在一起，不仅能够使酒液在倒入杯中后继续保持一段时间的低温，更加能够让人体会到一种清冽冰爽的口感，更重要的，是体现了侍酒服务中别具心裁的服务态度，因此会给客户带来意外的惊喜。

图 6-6　经过冷冻处理后表面笼罩雾气的白葡萄杯

6.2.6　"五觉好感"体系的日常管理

"五觉好感"体系的核心在于"好感"。也就是说要让宾客在用餐的过程中心情愉悦，这样才有助于酒水的动销。作为餐厅的侍酒师或者酒水管理人员，应该制定与酒水销售相关的餐厅"五觉好感"系统控制表格（如表 6-5 所示）。在每天开市之前，都必须系统地检查每一个细致的部分，是否已经做好了向宾客呈现的准备。遗憾的是，一些餐厅由于管理的疏忽，一些已经设置好的关于"五觉好感"体系的控制点因为管理不善而没有被呈现出来，或者在呈现的过程中杂乱无章，收到了相反的效果。餐厅"五觉好感"系统控制表格要做到尽量表述细化、语言通俗易懂、具有实操性，做到每日检查，且由专人负责执行。

表6-5　餐厅"五觉好感"系统控制表格

负责人			
日期			
五觉	编号	相关控制点	达标
视觉	1	餐厅的灯光需全部开启	
	2	餐厅外置酒柜内的酒瓶需按规律摆放妥当	
	3	餐厅展示的酒瓶不能附着灰尘	
	4	待客存酒橱窗整理	
	5	餐厅玄关处的产品堆放位置和方式需按照设计摆放，产品上无灰尘附着	
	6	酒杯需擦拭干净不留任何污渍	
	7	侍酒人员需按照要求着装	
听觉	1	餐厅已做降噪处理	
	2	背景音乐开	
嗅觉	1	餐厅香薰状态正常	
	2	餐厅鲜花状态正常	
味觉	1	当日有赠送给宾客的开胃饮品	
	2	服务人员掌握根据菜式口味推荐酒水的话术	
触觉	1	餐厅的室内温度控制在 19~24℃（根据不同类型餐厅设定）	
	2	餐厅湿度控制在 30%~60%（根据不同类型餐厅设定）	
	3	座椅无破损	
	4	餐椅结构结实，无摇摆，皮面无破损	
	5	餐桌桌面干净整洁，无油渍	
	6	在恒温酒柜中有低温储存的白葡萄酒杯	

上述表格，可以根据每家餐厅的实际情况进行调整和设计。由于该表格与酒水销售相关，因此应该由餐厅首席侍酒师或酒水主管来执行。只有对餐厅的每一个细节进行精心的打造并严格执行，才能够为酒水销售创造一个良好的氛围。

6.3　餐厅酒水销售的流程

餐厅酒水销售一般分为几个步骤，分别是：与客人接触，向宾客呈递并介绍酒单，宾客选择并确认，或者宾客需要推荐，最后确认订单。参与酒水销售的餐厅人员，包括前厅服务人员、普通侍酒师、首席侍酒师、餐厅老板等都应该知道在每一个步骤中的细节问题，包括切入服务的最佳时间、呈递酒单的方式、销售的话术、答疑的方式和最后向客人确认订单的环节和在内部系统内下单的流程。

侍酒师之所以能够接近客户并且激发客人消费酒水的意愿，一切源于客人对于侍酒师的好感和信任。这种好感和信任首先来自整洁专业的职业服饰。比如白色的西服、领带和侍酒服务专用工具；其次来自侍酒师自信的精神面貌，和蔼可亲的笑容，等等。这些细节能够让侍酒师与客人接触时获得认可，从而为接下来的酒水推荐创造良好的和谐氛围。

侍酒过程还涉及侍酒服务技能和敏锐专注的现场观察力。整个过程包括诸多细节：从酒品的展示，到开瓶，再到席间的斟酒，所有环节都要体现出侍酒师的专业程度和对客人无微不至的关怀。下面，我们将在餐厅环境中酒水销售的过程分解成若干模块加以细致解析。

任务 70 | 沟通能力

能够结合常用话术向客人呈递酒单并应对客人在阅读酒单后的不同反应

建议学习方法
角色扮演　③

6.3.1　向宾客呈递酒单

什么时候该向客人呈递酒单？酒单一般是与菜单同时呈递给客人的。这样既可以让客人在点菜时考虑到餐酒口感的搭配，同时还能够让客人在点菜的时候预留酒水的预算。而不是在客人点完菜了以后，发现预算不够而放弃了酒水的消费。在服务员呈递菜牌后，侍酒师（或服务员）应该随即上前向宾客呈上餐厅的酒单（如图 6-7 所示）。

然而侍酒师应该向谁呈递酒单？一般来说，侍酒师应该向当晚的主人呈递酒单，也就是负责付款的一方。在家庭聚会的场景下，一般酒单会先递给家庭的长辈，或者成熟的男性成员；而在情侣聚会的场景下，酒单一般先递给男方。侍酒师在呈递上酒单后应该礼貌地说道：

图6-7　服务人员向客人呈
递酒单

　　"您好，这是我们餐厅精选的酒单，非常适合搭配本店的菜式，您在点菜的时候也可以看看。如果需要我的推荐，我会在您点菜后过来。"

　　如果侍酒师无法从沟通中获知谁是宴会的主人，或者不确定到底应该由谁来点酒，那么可以通过简单的提问来问询由谁来负责点酒。比如侍酒师可以问：

　　"大家好，这是我们餐厅精选的酒单，非常适合搭配本店的菜式。请问哪位朋友有兴趣看看呢？"

　　在向客人呈递酒单后，通常会出现以下三种情况：①客人在浏览酒单后当即做出选择；②客人在浏览酒单后心存疑虑需要推荐；③客人在听取侍酒师的推荐后仍心存疑虑。

6.3.2　情况一：客人在浏览酒单后当即做出选择

　　客人在浏览完酒单后，或者不需要浏览酒单就下单了酒水。在这种情况下，侍酒师可以展开为客人点单和准备酒水的工作（可参阅本书单元3的"3.2.2　为客人点单和确认酒水"部分内容）。该环节最重要的工作是与客人确认酒品的信息，以确保按照客人的要求在餐厅系统内下单提货。

　　在与客人确认完酒品的信息后，侍酒师应该对客人的选择表示赞赏。侍酒师可以说：

　　"您的选择非常棒，看来您非常懂酒。"

或者说：

"您的选择很不错，跟今天的餐很搭，以后要跟您多学习。"

在任何情况下，只要客人确认了需要饮用的酒品后，都不能够推翻客人的选择而重新按照自己的意愿推荐另外一款酒。一些侍酒师总表现出一种"恃才傲物"的姿态，依仗自己所学习过的有限的酒水知识，认为自己的选择才是最专业的选择。当客人的选择与自己倾向的选择相左的时候，往往会摆出一副与宾客争辩的架势。这种做法是极其错误的。这样做既无法赢得宾客的尊重，更无法达成销售的业绩，最后甚至招致宾客的厌恶和反感。

6.3.3　情况二：客人在浏览酒单后心存疑虑需要推荐

当客人需要侍酒师推荐酒水时，侍酒师应该通过"聆听"来应对客人的要求。即让客人尽情地表达自己对酒的期待，并且通过收集客人描述中的点滴信息，再结合其所选择菜式的口味、季节、菜单的价格和用餐的场景来给客人做综合的推荐。

一般在这种情况下，侍酒师会向客人推荐两款产品，然后由客人自己做出最后的选择。当客人确定选择后，侍酒师还需要用言语来肯定客人的选择。例如侍酒师可以这么说：

"您选择的这款来自阿德莱德产区的霞多丽跟您点的芝士焗龙虾搭配起来口感非常不错。"

某些客人会主动地与侍酒师探讨关于酒水的一些知识。这种情况下，侍酒师除了有问必答之外，更应该做的是聆听客人对于酒水的不同观点和看法。一些侍酒师喜欢在客人面前卖弄自己的品酒经验。例如喜欢把自己对于某款酒的香气和口味的理解在客人面前滔滔不绝地分享，这种做法是极不恰当的。

任何在客人面前的表达都应该掌握适当的度，而这个"度"应该表现在：

（1）内容不能漫无边际，一切内容都应该围绕客人提出的观点进行探讨，而不应该转化成以自己关心的话题为谈话的中心。

（2）价值观上应该以附和客人的价值观为主，而不应该过多地彰显和表达自己的价值取向。

（3）交谈时间不宜过长。

（4）言谈举止应该温文尔雅而非眉飞色舞。

6.3.4　情况三：客人在听取侍酒师的推荐后仍心存疑虑

客人在准备点酒的时候，由于对于品牌不了解，往往会有许多疑问。如果侍酒师能够用专业的方式回答客人所提出的问题，那么将会很容易促成点单。客人在点单前的疑问一般会有：

问口感："这个酒的口感怎么样，是甜的还是涩的？"

问产地："这个酒是哪里产的？好喝吗？"

怎么喝："这个酒需要醒酒吗？"

问价格："这个酒在网上卖才××钱，在你这儿为什么卖那么贵？"

问配餐："我今天点这些菜适合搭配什么酒？"

客人只有在对产品感兴趣并且有一定购买意愿的时候才会向店员提出问题。正确、专业的回答可以提高点单的几率。侍酒师或服务人员回答客人所提出的各种问题需要做到以下几点：

（1）侍酒师要对本店销售的葡萄酒有一个全面系统的了解，同时要对每一款酒的服务方式与餐厅主打菜式之间的搭配有所了解。

（2）从餐厅管理层面上，要对客人平时所提出的问题进行收集，并制定统一的应对这些问题的回答方式。

（3）对于一些超出服务人员认知水平的问题，应该懂得及时向上级反馈，由更有经验的管理人员进行解答。

当客人在与侍酒师探讨了一番后，对于侍酒师的推荐仍然心存疑虑。在这种情况下，侍酒师应该将客人疑虑的点做一个简短的总结，目的是告知客人自己已经了解客人的想法。之后，侍酒师可以稍作坚持，例如可以这么说：

"这款酒在我们这里的口碑其实还是挺不错的。"

或者说：

"这款酒的这个年份我们不久前品尝过，给人带来的惊喜挺多的。"

如果客人仍然执意不喜欢这款酒，那么侍酒师只能再尝试推荐另外一个品牌的产品了。

6.4　餐厅酒水销售话术

6.4.1　口头描述酒水产品

在实战中，留给侍酒师向客人介绍酒水的时间非常少。如果侍酒师不掌握介绍酒水的方法，一开始就拖泥带水，支支吾吾抓不住重点，那么就会错过向客人推荐酒水的机会。侍酒师在向客人介绍酒水的时候，一定要做到言简意赅，抓住重要卖点，同时抓住客人的好奇心，因势利导，让谈话的内容变得丰富，最终才会实现酒水的销售。

我们发现许多餐厅的前厅服务人员，由于对酒水信息记忆混乱，比如记错酒名、产地、年份等，从而导致在跟客人沟通的时候错误百出；同时也由于对产品信息不熟，而缺乏主动向客人推荐酒水的自信。因此，我们总结出一套有效的产品知识记忆方法，供从事餐厅前厅服务的人员和侍酒师参考。

1. "认酒"——记忆产品信息

关于酒的描述，侍酒师或前厅服务人员首先应该做的是将酒名和酒水包装的外部特征联系起来。这个过程我们称之为"认酒"。这就仿佛将人名和人的长相联系起来一样，是记忆酒水信息的第一步。对于接受过专业训练的侍酒师来说，这个过程并不难，然而对于那些没有接受过酒水知识专业培训的大多数前厅服务人员来说，这个训练过程是非常必要的。在训练的时候，我们可以将酒水包装的一些特殊性提取出来，然后与酒名结合在一起记忆，例如酒帽的颜色、酒标的颜色、酒标的材质、酒标的图案或者瓶子的形状等。提取这些信息后，我们可以制作一个如图6-8所示的方便服务人员熟悉产品的"认酒"表格。

图6-8 "认酒"（举例）

酒名
老钟楼罗纳河谷干红葡萄酒

外观特点
1. 大肚瓶
2. 瓶身有钟楼的浮雕
3. 酒标有一个钟楼
4. 黑色的酒帽
5. 酒名上有"V"和"C"两个大写字母

2. 酒水产品的七个记忆重点

在"认酒"达标后，应该开始对酒水产品的七个记忆重点加强记忆。这些重点同时也是客人经常会提及的与酒相关的基本信息，包括：①酒名；②产地；③葡萄品种；④年份；⑤酒精度；⑥净含量；⑦价格。对于酒牌在售的产品，我们可以通过表6-6的形式来对产品的七个记忆重点做一个总结归纳。

表6-6 酒水产品的七个记忆重点（举例）

酒名	产地	葡萄品种	年份	酒精度	净含量	价格
法国枫丹堡葡萄酒	法国，波尔多	赤霞珠、梅洛	2019	12%	750毫升	×28元
老钟楼罗纳河谷干红葡萄酒	法国，罗纳河谷	歌海娜、西拉、佳丽酿	2018	13.5%	750毫升	×68元
奥秘佳美娜红葡萄酒	智利，科尔查瓜山谷	佳美娜为主	2019	13.5%	750毫升	×88元

任务71 | 沟通能力

能够根据"认酒"表格记忆酒水产品的外观特点并进行口头表述

建议学习方法
角色扮演 4

任务72 | 沟通能力

能够根据"酒水产品的七个记忆重点"表格记忆酒水核心信息并进行口头表述

建议学习方法
角色扮演 4

对酒水信息的口头描述不仅会在向客人确认订单的时候使用到（参考单元 3 的 "3.2.2　为客人点单和确认酒水" 部分内容），也会在回答客人询问的环节使用到。客人一般会针对酒水的某个信息进行提问，例如："这瓶酒是哪个产区的？""这瓶酒是什么年份的？"或者"这瓶酒是什么品牌的？"在回答上述问题的时候，一般建议不要回答得过于直接和简单，这样容易让交谈的氛围变得尴尬，一般应做如下回答：

问品牌时的回答："这是一款庄园酒，×××是庄园的名称，是一款性价比较高的葡萄酒。"

问年份时的回答："这款酒我们库存的年份是×××年，对于这个产区来说，这个年份是一个不错的年份，值得品尝一下。"

问葡萄品种时的回答："这款酒的葡萄品种是黑皮诺，在当地来说是主要的葡萄品种，口味清淡高雅，与您点的菜式搭配会略有偏甜的口感，建议您尝试一下。"

问价格时的回答："这款价格是×××元，与同一产区和同一风格的酒相比，性价比很高。"

3. 酒品一句话卖点描述

在完成关于酒品的基本信息的记忆后，可以进一步对酒品的卖点进行记忆。酒品的卖点的记忆分为两个层次。第一个层次我们称之为 "一句话介绍产品"，即让服务人员在最短的时间内向客人表达产品的卖点。这一句话必须是最能够打动客人的一句话，也就是说最具有说服力或者最能够吸引眼球的产品卖点。根据对餐厅选品的卖点提炼，我们可以通过表 6-7 的形式将产品及其卖点罗列出来，方便工作人员记忆。

第二个层次我们则可以将更多的产品卖点罗列出来，形成

🍷 任务 73 | 沟通能力

能够根据"酒品一句话卖点描述"表格记忆酒水的主要卖点并进行口头表述

————
建议学习方法
角色扮演   4

表 6-7　酒品一句话卖点描述表格（举例）

产品名称	一句话卖点
宁夏 ××× 庄园葡萄酒	这款酒去年夺得《醇鉴》世界葡萄酒评选金奖
托斯卡纳 ××× 古堡葡萄酒	这瓶酒入选了新加坡航空公司头等舱酒单
波尔多 ××× 庄园葡萄酒	这款酒的葡萄园与著名的柏图斯庄园相隔仅 300 米
新西兰 ××× 庄园黑皮诺葡萄酒	这款酒去年入选《葡萄酒观察家》杂志全球 100 款最佳葡萄酒酒单

服务人员与客人交谈的"话术"。只有当客人饶有兴趣地希望了解更多关于某款酒水的知识的时候，我们才择机将它们表述出来。

通过上述这种由简单到复杂，由具象到抽象的产品关键信息记忆方法，可以让即使对于酒水知识不甚了解的大多数前厅服务人员也能够迅速掌握正确的产品信息。从而减少在客户面前表述错误、理解错误而导致的点错酒、下错单等严重过失。作为餐厅的首席侍酒师或者酒水服务人员，有义务将餐厅的酒水信息通过上述形式总结出来，供餐厅其他人员进行定期的学习并巩固记忆。

任务 74 | 沟通能力

熟悉餐厅酒水销售常见问题并掌握常见的回答方式

建议学习方法
角色扮演　4

6.4.2　餐厅酒水销售常见问答

餐厅葡萄酒的销售不是生硬的推销，而应该采用"顾问式"和"建议式"的销售方法。"顾问式"销售方法是指在与顾客的沟通过程中通过专业的解答获得顾客信任，并向客人推荐合适的葡萄酒酒款，得到顾客认可后，完成销售；而"建议式"销售方法则是在客人完成点菜后，可以根据客人所点菜品的口味特点，向其推荐合适的葡萄酒，比如我们可以这样说：

"先生，我看您今天点的辣菜比较多，要不要试一下我们店的一款半甜葡萄酒？这个酒口感清爽带甜，很适合跟您点的菜进行搭配。"

在餐厅销售葡萄酒，切忌生拉硬拽式的强推。一般情况下，客人如果表示对点酒不感兴趣，服务人员要停止推销，以免引起客人的反感。

餐厅每天都会遇到各种不同类型的客人，并且面对客人所提出来的形形色色的问题。这些问题既有一定的共性（比如关于酒水的一些基本常识性问题），也有一定的特性（比如关于餐厅酒水服务流程、餐厅酒单、餐厅餐酒搭配等问题）。

我们认为，每一家餐厅都应该善于收集客人提出的问题，并集中集体智慧对每一个问题做出正确的回答。这些回答问题的方法一旦确定下来，就会成为餐厅成型的"问答集锦"，可以作为内部培训资料使用，以帮助餐厅服务团队正确、有效地应对客人所提出各种问题。比如以下是一些餐厅中比较常见的共性问题及回答：

问：这酒喝了会上头吗？

答：您好，葡萄酒的酒精度数较低，一般不会上头。但是如果您休息不好或者过度疲劳，喝酒后会有上头的可能。

问：这个酒是什么牌子？

答：您好，这款酒是一款庄园酒，庄园的名称叫作"×××庄园"。

问：这个年份是灌装的年份吗？

答：您好，酒标上标记的年份是葡萄采收的年份，葡萄酒灌装的年份在中文背标上面有标注。

问：这个酒是国内灌装的吗？

答：您好，我们的葡萄酒是原装原瓶从原产地直接进口的。

问：你说这个酒是原装进口的，为什么会有中文的标签？

答：您好，所有原装原瓶进口的葡萄酒都必须张贴中文标签，这个是中国法律规定的（中国海关的要求）。

问：为什么这个酒的口感那么涩？

答：您好，红葡萄酒里面含有单宁，因此会有涩的感觉；葡萄酒需要搭配食物一起喝才会更美味，建议您吃一口菜，喝一口酒，这样酒会更加美味。

问：有没有（果味重／清淡／百搭）一点的葡萄酒？

答：您好，有的，您可以尝试一下我们的这款法国伯特红葡萄酒。它口感清爽、易入口、偏果香味（口感描述），同时还是一款由独立庄园生产的法国餐酒，比较少见，性价比高（一句话描述）。

问：有没有口味浓一点的葡萄酒？

答：您好，有的，您可以尝试一下我们的这款法国波尔多格朗斯红葡萄酒。它口感饱满偏厚重（口感描述），是一款来自法国波尔多小产区的庄园酒（一句话描述）。

问：这个酒我喝不完，带回家可以放多久？

答：您好，建议您带回家后放在冰箱里，最好三天之内喝完。

问：（当客人开始提问一些非常难懂且技术性很强的问题的时候）

答：（谦卑地、微笑地）您好，我对这方面的了解还不太深入，如果您感兴趣，可以扫描一下酒牌上的二维码，上面有关于这款酒的全部信息。（你的谦卑会得到大多数宾客的谅解）

任务 75 | 沟通能力

能够向客人推荐知名品牌的酒水

————

建议学习方法
角色扮演　　4

6.4.3　推荐知名品牌酒水的话术

在一些商务宴会的场合，客人会倾向于选择知名品牌的酒水，在与客人讨论酒水选择时，为了提醒客人点选知名品牌的酒水，我们可以说：

"先生您好，用酒方面您看看有没有需要选择一些比较知名的品牌？"

任务 76 | 沟通能力

掌握在特殊情境下让主管介入的话术

————

建议学习方法
角色扮演　　3

6.4.4　让主管介入的话术

在客人用餐过程中，可能会发生许多突发事件，或者会提出一些比较复杂刁钻的问题，如果服务人员没有权限或者不懂得如何回答，则需要让上级主管介入。

"您提出的问题很有趣，我了解得不太全面，这样吧，我让我们店长过来跟您交流一下。"

"您看这样行不行，我去把我们的首席侍酒师请过来，我们共同商量一个解决问题的办法。"

任务 77 | 沟通能力

能够处理客人自带酒水到店消费的情况

————

建议学习方法
角色扮演　　4

6.4.5　遇见客人自带酒水的应对话术

我们前面提到，客人自带酒水到餐厅消费是常见的情况。在目前，对于客人自带酒水的行为，很多餐厅都是不欢迎的。然而如果餐厅对待客人过于苛刻，又会让客人感到不满，因此餐厅的服务人员常常会陷入两难的境地。

在我们的观察看来，我们虽然不鼓励客人自带酒水到餐厅消费，但是当客人自带酒水到餐厅消费的时候，我们不应该表现出不友善的态度。这里，针对客人自带酒水到店饮用的现象，我们给出一些实用的建议：

（1）主动服务。如果看到客人有自带酒水到餐厅消费，我们应该主动上前服务，包括主动为客户搬酒，主动询问是否要准备冰桶，主动询问是否需要准备特殊的器皿，等等。（通过主动服务来展示餐厅酒水服务的专业度）

（2）提出赞扬。主动称赞客人以酒配餐的举动。

（3）主动沟通。寻找适当的机会与客人交流其所带酒品的特点和口感。

（4）推荐本店产品。在与客人充分沟通后，可以拿出本店相似的产品与其交流，主动告知价格，并附上一句：

"先生／女士，下次过来不妨试试我们店的这款酒。"

6.4.6　推销酒水时的行为准则

任务 78 | 素养能力

牢记推销酒水时的行为
准则

————

建议学习方法
阅读、理解　②

1. 切忌"胁迫式"推销

酒水销售的目的是提升餐厅酒水部门的营业额。作为业绩考核目标和盈利目标，餐厅的酒水销售营业额是团队奋斗和努力的方向。然而这并不意味着，为了实现考核目标而不择手段地向客人推荐价格昂贵的酒水。某些酒水销售人员"善于"观察用餐者之间的关系，他们会抓住主人宴请宾客时的心理，在客人面前向主人推荐价格昂贵的酒水。主人迫于"面子"而被动地接受了这种推销。要知道，通过这种方式推销，即使客人这次被动地购买了酒水，也很有可能这是客人最后一次到店消费了。

2. 避免令人尴尬和反感的措辞

在向客人推荐酒水的时候，要避免会引起客人尴尬甚至反感的措辞。例如：

（1）不能在推荐酒水的时候，以"这瓶酒比较贵"，而"那瓶酒比较便宜"的价格对比来让客人在自己招待的宾客面前做出选择。所有推荐的言辞都应该围绕酒本身的口感和香气特点、与菜式口感的搭配、与晚宴目的的契合度来推荐。

（2）避免说"入门级""便宜""适合初学者"等带有歧视性的措辞来描述任何一款酒水。如果一款酒水的价格低，那么可以用"性价比高"来进行描述，而"适合初学者"则可以用"大众化的口感，很多客人都喜欢"这种措辞来代替。

3. 避免强推，合适的才是最好的

在向客人推荐酒水的时候，要站在客人的角度着想，贵的酒水对于提升餐厅的营业额来说固然很好，然而并非是最适合客人的。当客人提出要求说："能不能给我推荐一款好的红葡萄酒？"这不代表说一定要给客人推荐来自波尔多的名庄葡萄酒。如果客人说能不能推荐一款好喝的起泡酒，这也不代表说一定要给客人推荐唐·佩里农的香槟。这种简单粗暴的推荐，会让客户认为侍酒师不具备酒水服务的专业知识，更缺乏服务的诚意。

侍酒师应该如何向客人推荐酒水呢？如果侍酒师对于宾客非常了解，知道其饮酒时消费的档次和口感喜好，应该根据其

以往的消费习惯进行推荐。如果侍酒师对客人的消费习惯和口感取向把握不准，那么建议结合客人的要求（比如是要红葡萄酒还是白葡萄酒，要起泡酒还是要口感偏甜的半干型、半甜型葡萄酒），再根据其点选的菜式口感、客人的年龄层次以及对酒的认知和了解（可以从谈话中觉察出宾客对于酒水的了解程度）来做出推荐。在价格上，建议侍酒师推荐中等价位的产品。一些消费能力高的客人一般不会直接说"你推荐的这个酒太便宜了，能不能换一个更贵的？"而是一般会提及产地、品牌、评分、年份等因素，询问参考这些附加的因素，有没有"更好的推荐"。这个时候侍酒师就可以选择更加具有风土特点和品牌知名度的高价位产品进行推荐了。

4. 做好客户管理，提供专属服务

在一些葡萄酒销售良好的餐厅，对一些具有饮酒习惯的"熟客"进行资料收集和管理是销售业绩攀升的关键。这些餐厅的服务人员通常会与客人保持一个非常好的关系。这表现在餐厅的服务人员能够记住客人的名字，了解客人通常用餐的动机，了解客人平时饮用葡萄酒的习惯、偏爱的品牌和口感等。每当这些熟客进入餐厅用餐时，服务人员通常会亲切地与客人主动打招呼，引导客户入座，与客户进行简单的聊天。当客人开始点菜的时候，服务人员在聊天中根据客人的消费习惯自然地向其推荐酒款，这样十分容易达成销售的目的。

技能考核

1. 根据本单元中提到的"五觉好感"体系的知识，填写表 6-8。

表 6-8 "五觉好感"体系元素

	总结本书中提到的"好感"元素	你可以补充的"好感"元素
视觉好感		
听觉好感		
嗅觉好感		
味觉好感		
触觉好感		

2. 手持酒单，两两练习向客人呈递酒牌的动作并尝试用不同的语言进行表达。

3. 懂得记录客人所选择的酒水，并且能够在客人面前流利地复

述其需求。

4. 拿出一瓶葡萄酒，口头描述这瓶酒的外观特点。

5. 用"酒水七个记忆重点"表格，记录由老师提供的酒水的信息，并将其口头陈述出来。

6. 拿出一瓶葡萄酒，根据供应商所提供的信息，找出产品最能打动消费者的卖点。

7. 两两练习酒水服务过程中常见的问答，说说还有没有别的回答方式。

8. 在一家高档餐厅中，客人点选了一瓶年份较老的葡萄酒，葡萄酒上桌后，客人发现葡萄酒的酒标比较残破，这个时候你应该如何向客人解释？

9. 假设你是餐厅服务岗位上的新员工，有客人反映葡萄酒已经变质并发生争执，这个时候你应该如何处理？

10. 在向客人推荐酒水时，客人觉得你推荐的酒水不太适合当天的宴会场合饮用，这个时候你应该如何回应？

11. 假设你是一家餐厅的酒水主管，该餐厅希望提高员工酒水销售的积极性，提升酒水营业额，你将如何制定餐厅的酒水销售提成方案？

12. 客人自带酒水到餐厅消费，除了遵循餐厅的规定外，你还应该怎么做？

思考与实践

1. 目前，大多数中国餐厅的酒水销售在餐厅营业额中的占比不高，你认为这是由哪些原因造成的？应该如何改善？

2. 你认为客人自带酒水到餐厅进行消费的原因有哪些？

3. 客人在餐厅消费了一瓶价格 428 元人民币的葡萄酒，在用餐过程中不小心打破了一个杯子，杯子价值约 15 元人民币，遇到这种情况你应该如何处理？

4. 在向客人推荐酒水时，是不是表现得越殷勤越能够得到客人的认可？你认为在向客人推荐酒水时，服务人员的什么品质最能够打动客人？

单元 7

餐厅酒水的选品和采购

Unit seven

内容提要

餐厅酒水的选品和采购是一家餐厅酒水业务运营的重点。本单元将会学习到餐厅酒水的采购模式、影响餐厅酒水采购的内外因素、餐厅酒水的采购渠道、供应商的评估方法、酒水选品的方式、酒水采购的流程等关键内容。掌握酒水采购相关知识是侍酒服务人员从技术型人才向管理型人才拓展的必经之路。

7.1

餐厅酒水选品决策人和采购模式

酒水对于餐厅来说是一个重要盈利点。然而在酒水为餐厅带来利润之前，由于需要备货和购置相关的专业器皿，它首先是一项新增的成本。对于餐厅管理者来说，成本控制是成功运营的关键。要实现酒水成本的合理控制，首先必须具备一个高效合理的采购流程；其次要具备严谨的库存管理制度和专业的仓储条件。酒水的采购和仓储属于餐厅管理的范畴。只有把选酒、买酒、验酒、存酒等环节统筹安排，做到各个岗位职责明确，才能够最大限度地降低成本，为餐厅带来利润。

7.1.1 餐厅酒水选品的决策人

对于一些小型餐厅来说，餐厅老板本身无疑是最重要的选品决策人。老板会根据自身对酒水的认识，或者身边经营酒水的朋友所提供的资源进行酒水的第一层次筛选。在这种情况下，要求老板本身对酒水知识和餐酒搭配的知识有较为深刻的理解，只有这样才能够比较客观地为餐厅选择合适的酒水。许多餐厅老板在选酒时，往往会过分依赖自己的主观感受，认为自己喜欢喝的酒就是餐厅应该销售的酒；或者根据进货价格和供应商所提供的支持力度进行选酒，这样挑选出来的酒单往往比较难以得到客人的认可。

对于一些稍大型的餐厅或者连锁餐厅来说，通常在采购部门中会有专职负责酒水采购的专业人士。这些人要么是餐厅前厅服务主管，要么是某些餐厅所设"侍酒师"岗位的酒水服务主管，要么就是常年熟悉酒水采购的公司内部行政管理人员。然而即便如此，大部分企业老板还是会在选酒的过程中加入自己对品牌和口感的偏好和见解。

一些对于酒水特别重视的餐厅，通常会聘请专业的酒水顾问，为其提供酒水选择和侍酒服务人员培训的全套咨询服务。在专业人士的介入下，能够确保在选择酒水时考虑到更多客人关心的因素，使采购流程更加专业并注意防控风险，确保酒单在选品和价格制定方面的合理性。

餐厅不论规模大小，负责餐厅酒水选品的决策人都必须做到：

（1）平时多阅读酒水相关的杂志和书籍。

（2）了解餐酒搭配的知识和潮流。

（3）多参加展会、品酒会和行业交流会，从而可以品尝各种不同风格的酒水。

（4）经常参加与酒水相关的培训。

7.1.2　酒水采购模式

采购行为对于任何企业来说都是成本的体现。酒水的采购数量和采购时间的变化都有可能会影响采购的价格。因此，理论上来说，酒水的采购存在以下两种模式：

（1）小规模采购模式。即每次采购数量仅供餐厅日常周转使用，将餐厅酒水的库存量降至最低，这种模式的优劣分析如表 7-1 所示。

表 7-1　小规模酒水采购的优劣势分析

优势	劣势
● 可以减少流动资金的占用量 ● 库存更新快，减少变质的风险 ● 可以随时根据客人偏好或者潮流的变化更换酒单	● 无法取得优惠的采购价格 ● 配送成本较高 ● 经常会出现断货的风险 ● 采购管理流程上出错的几率较高

（2）大规模采购模式。优劣势分析如表 7-2 所示。

表 7-2　大规模酒水采购的优劣势分析

优势	劣势
● 可以得到较大的折扣 ● 可以避免价格波动带来的损失 ● 减小断货的风险 ● 物流成本降低	● 无法准确预测畅销的产品，一旦库存产品不受欢迎，则会造成库存积压状态 ● 仓储成本高 ● 占用大量流动资金 ● 长期储存的产品存在变质的风险

对此，我们其实可以根据不同的产品采取不同的采购模式。

对于一些供应商距离餐厅较近的，且承诺可以当天送达的酒水产品，可以采取小规模采购模式。在与供应商进行谈判的时候，尽量立足于构建与其长期合作的模式，也就是说虽然单笔采购数量不大，然而从长期来说数量还是可观的，以此来获得较优惠的采购价格。此外，对于一些保质期较短的酒水和饮品，如啤酒、干白葡萄酒、桃红葡萄酒或者起泡葡萄酒等，建议采取小规模采购模式。

对于一些价格波动较大，如茅台，或者一些稀缺、紧俏的酒水产品，如某一年份的名庄葡萄酒；又或者供应商做大规模限时促销计划的产品，则可以选择大规模采购模式。对于一些具有陈年潜力的酒水，如单宁较厚重的葡萄酒、白酒等，在具备专业仓储条件的情况下，其变质几率较小，因此建议酌情增加每次采购的数量。

7.2　餐厅选品时需考虑的因素

正如前文所提到的，目前许多餐厅的酒水采购会依据老板自身的口感喜好或者关系网络进行采购。我们要知道，餐厅酒水选品是选给客人喝的，因此餐厅在选酒时首先要考虑影响客人酒水选择的因素（可参考阅读单元 6 的"6.1 影响客人酒水选择的因素"），其次再根据自身的情况和客观条件决定酒水的选品。

餐厅酒水选品是一个长期试错的过程。一个新的餐厅在制订酒单的时候，往往没有太多选择的依据。然而经过一段时间的经营，根据对市场的了解以及对每次销售情况的分析，最终制订出适合餐厅的酒单。

通过总结，我们认为在为餐厅选品时，要考虑的因素包括：①餐厅的目标客户人群与就餐情境；②餐厅的消费定位；③餐厅的现金流和库存；④供应商的表现；⑤与餐厅菜式口感的匹配；⑥酒水品牌知名度与利润取舍；⑦本地特色酒；⑧季节的变化。

7.2.1　餐厅的主流客户群体与就餐情境

1. 主流客户群体

客户群体（又称"客户画像"）是一家餐厅在运营一段时间后必须明确的重点。餐厅要根据前来就餐的"常客"，分析出餐厅的主流客户群体。不同的客户群体对于酒水的选择是不同的，他们会对酒标设计、口感和酒水类型有不同程度的偏好（如表 7-3 所示）。

表 7-3　不同类型客户群体对于产品特性的偏好

客户群体	酒标设计偏好	口感偏好	类型偏好
年轻人	偏爱有现代感的包装设计，或者颜色亮丽的酒标设计（如图 7-1 所示）	口感偏爱多元化，不同的甜度、不同的酒体都可以尝试	喜欢尝试不同类型的葡萄酒，但是聚会时更加偏爱起泡酒，和半干、半甜型葡萄酒
中年人	偏爱稳重传统有质感的酒标设计	偏爱酒体厚重、酒精度高的葡萄酒	红葡萄酒

（续）

客户群体	酒标设计偏好	口感偏好	类型偏好
中老年人	偏爱成熟稳重、风格传统的酒标设计，以波尔多和勃艮第风格的酒标为代表	偏爱口感轻盈且酸感不明显的葡萄酒，注重低糖	红葡萄酒
男性	偏爱有内容、有话题、质感强、偏传统型的酒标设计；也有不少人喜欢含有科技感的酒标材质；偏爱厚重的酒瓶	偏爱酒体厚重、酒精度略高的干型葡萄酒	偏爱红葡萄酒和经过橡木桶陈年的气味丰富的白葡萄酒
女性	喜欢颜色丰富、外观优雅简约的酒标设计	偏爱酒体清爽、甜美的葡萄酒	偏爱半甜、半干、甜型、桃红、起泡型葡萄酒

上述对于不同类型群体的葡萄酒消费偏好的分析并不是一个绝对的判定，每一位负责餐厅选酒的专业人员都要从客人的角度出发，通过日常的观察和与客人的密切交流，了解餐厅常客对于葡萄酒酒标设计风格、口感和酒水类型的喜好，通过不断地调整来完善餐厅的酒单。

图 7-1　设计新颖时尚的酒标会吸引更多年轻消费群体的关注

2. 就餐情境

不同的主流客户群体也决定了不同餐厅的"就餐情境"，即不同客人在餐厅的就餐目的不同。许多餐厅会有明确的市场定位，主要会为不同的就餐目的打造不同的环境、菜式和消费定位。餐厅主要的就餐情境包括商务宴请、家庭聚餐和朋友聚会三个方面。

餐厅前厅管理人员应该对客人到餐厅的就餐情境进行细致的观察和数据统计。不同的就餐情境所需要用到的葡萄酒与烈酒类型是不同的，因此要根据餐厅的主要就餐情境来对酒单进行合理规划。

7.2.2　餐厅的消费定位

餐厅的定位决定了餐厅的人均消费水平，而人均消费水平不同的餐厅所销售酒水的档次和价格也会有所不同。当然这并不是一个一成不变的定律。

餐厅的人均消费水平决定了餐厅销售葡萄酒的价格高低。一般来说，餐厅主流销售的葡萄酒价格水平要与餐厅的人均消费水平呈 1~1.5 倍的定价关系。即如果一家餐厅的人均消费在 100 元，那么主流销售的葡萄酒价格一般在 100~150 元之间，同时酒单中也可以配置一些略高或略低于这个基准价位的产品。

在一些米其林星级餐厅中，我们也许会认为，价格不菲的名庄酒会大行其道。然而要知道，名庄酒或者知名品牌的酒卖价高，但不代表给餐厅产生的利润就高。如果按照普通产品的加价率去制定这些产品的价格，往往曲高和寡、有价无市。因此在这些高端餐厅中，我们也不要排斥一些性价比高、价格略低的精品酒。这样对于一些愿意"尝鲜"的客人来说又多了不错的选择。

对于一些人均消费略低的餐厅，应该选择与餐厅消费层次相匹配的酒水产品。然而即便如此，我们也建议这类餐厅可以提供几款高价位的名庄产品供客人选择。对于一些美酒爱好者、一些有消费能力的常客，或者一些偶尔出现的比较重要的聚会场合，不排除客人有饮用这些高端名庄酒和名牌酒的需求。

7.2.3　餐厅的现金流和库存

餐厅的资金状况也决定着餐厅的产品策略。在欧洲，有一些餐厅已经历经了几代人的传承和经营，因此积累下来的酒水资产相当丰富。这种类型的餐厅往往会有一个丰富到令人羡慕的酒单，其中不乏一些老年份的烈酒和一些名庄葡萄酒多个年份的库存。餐厅酒水资产庞大，对于餐厅财务来说这属于库存的一部分，是一项流动性不强的资产。在中国，在餐厅买酒消费的习惯还处于萌芽阶段，因此餐厅一般不会有大规模储存酒水的习惯。对于一些资金雄厚的餐厅投资人，会对一些价格波动较大的产品趁低位买进（比如茅台飞天和一些畅销的波尔多名庄酒等）；而对于资金实力有限的投资者，则可以轻装上阵，合理控制酒水的品牌种类，同时控制每一个品牌的库存数量。

餐厅现有库存的分析对于餐厅酒水采购来说有着重要的指导意义。一些畅销的酒水，可以在促销的时候多进货；一些销售缓慢的酒水，则可以考虑在清完库存后进行更换。库存是成本的直接体现，酒水会占用餐厅大量的流动资金。在采购酒水的时候，要考虑到订货数量、进货成本（包括运费）、酒水销售速度、酒水单瓶毛利等因素的相互关系。

7.2.4　供应商的表现

供应商产品线是否丰富、价格是否较优惠、是否有买赠政策和节假日促销、是否提供培训服务、是否有较长的付款期限、配送是否及时、销售证件是否齐全等都是衡量其专业程度的重要指标。餐厅酒水的销售是餐厅和酒水供应商共建的成果。专业的供应商能够帮助餐厅提升酒水销售的业绩，而不专业的供应商则会给整个酒水销售计划带来阻力。

7.2.5　与餐厅菜式匹配

酒水与餐厅所销售的菜式口味的匹配程度，也许是在选择酒水时所要考虑的最重要因素。如果一个餐厅希望客人在餐厅点酒消费，那么其酒单与餐食的匹配必须别具一格。在考虑到成本、餐厅定位等因素的同时，还要制订出一份让客人惊叹折服的专业酒单，这就要求选酒人具备非常专业的餐酒搭配知识。

根据餐厅的菜品特色进行酒水选购，对于西餐厅来说是相对简单的。这是因为西餐厅的食材、烹饪手法和口味变化都较中餐而言更加单一。然而对于占中国餐饮市场绝大多数的中餐厅来说，酒水与菜系的搭配则是一门巨大的学问。中国的餐饮文化博大精深，菜系分支丰富多样，烹饪手法千变万化，口味更是不拘一格、各领风骚。对于如何根据不同的菜式口味与酒水（特别是葡萄酒）进行搭配，请阅读本书单元 4"佐餐酒水的餐酒搭配"中的相关内容。

7.2.6　酒水品牌知名度与利润取舍

在一份酒单当中，要注重知名品牌和利润产品之间的搭配。这里我们所说的"知名品牌"产品，不一定指的是价格高的"名庄"产品，而更多是指那些知名度高、流通范围较广、消费者耳熟能详的产品。众所周知，品牌知名度越高，留给商家的利润就越低。然而如果一份酒单中没有知名品牌的葡萄酒，很难说服客人在餐厅迈出消费的第一步。在客人觉得品牌熟悉、价格合理的情况下，点单几率会大大提升。

知名品牌的葡萄酒有利于与客人建立信任感，然而，如果餐厅只销售知名品牌的低利润产品，则无法实现餐厅的利润诉求。因此，餐厅除了销售知名品牌的酒水外，还必须销售一些非知名品牌却利润较高的产品。这些类型的酒水通常是经过精心挑选，作为"店家推荐"产品出现在酒单之中。这种酒的性价比一般较高，餐厅利润也相对丰厚。一般来说，当客人形成了在餐厅点酒的消费习惯后，餐厅服务人员要主动向客人推荐餐厅的推荐用酒。

7.2.7　本地特色酒

在欧洲，由于许多地区都有生产葡萄酒，因此餐厅所在的城市或者村庄会以当地出产的葡萄酒为主，其他产区的葡萄酒为辅。比如在勃艮第的餐厅中，勃艮第本地的葡萄酒可以占据酒单的 95%。在中国，许多酒也有产地属性，例如：在宁夏或者云南本地的餐厅，更多会倾向于选择本地产的葡萄酒；在江浙沪一带的餐厅中，黄酒是必不可少的选择；在广东的一些高端餐厅中，本地产的白酒玉冰烧是酒单上的常客；在台湾，金门高粱酒是能够体现一家高端餐厅本地美食文化的重要元素，等等。

7.2.8   季节的变化

正如我们在单元 6 中提到的，不同季节，由于气温和当季食材的变化，顾客对于配餐酒水的选择会有所不同。因此餐厅需要根据季节的变化对酒单进行微调。

从气候变化的角度来说，在天气炎热的时候，人们喜欢饮用一些口感清淡的酒水；而在天气寒冷的时候，则会偏向于饮用口感厚重、酒精度高的酒水。从当季食材变化的角度来说，一些名贵食材的出现会促进与之相匹配的酒水销量的提升。

7.3 餐厅酒水采购流程

餐厅的酒水采购，一般需要经历供应商信息收集、供应商筛选、盲品样酒、确定供应商、签订采购协议书和下订单六个步骤，如图 7-2 所示。

图 7-2 餐厅酒水采购流程

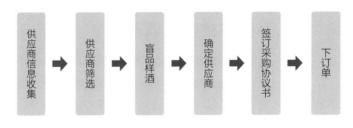

7.3.1   供应商信息收集

供应商信息的收集可以从多个方面着手获取。一般建议通过专业的葡萄酒展会，与不同的供应商建立联系。同时，在参观展会的过程中，还可以大致对其葡萄酒进行品鉴，留下一个初始的印象，为第二阶段的供应商筛选做准备。

餐厅的葡萄酒销售在很大程度上需要供应商的支持和协助。因此供应商的专业水平、服务体系和服务态度是餐厅选酒的一个重要考量因素。在与供应商进行第一次接触时，要通过细心的观察与交流，对供应商的专业水平和服务细节做初步的评估。餐厅酒水采购人员可以通过以下渠道获取供应商信息：

1. 专业酒水展会

酒水采购的渠道多种多样，只有在专业的平台，才能采购

👁 任务 81 | 知识能力

了解酒水专业展会、批发市场和陌生拜访等酒水供应商信息的获取渠道

———

建议学习方法
网络搜索、案例   5

到物美价廉、专业可靠的产品。同理，餐厅作为专业的酒水售卖场所，只有与专业的供应商合作，才能够在运营中得到专业的帮助和支持。

酒业展会是获取供应商信息的重要渠道，也是目前来说最专业、最便捷和直接的采购平台。通过参加展会，餐厅的酒水采购人员可以全面掌握各类型酒水供应商的情况，了解产品的技术信息、价格、厂家或代理商的销售方式、市场支持和服务等；同时，展会的现场还能够品尝各种风格的酒水，并且可以货比三家；有时候还可以按图索骥，根据自己锁定的品牌目标去寻找供应商。

随着改革开放以来中国酒水市场的发展，无论是中国国产白酒、国产葡萄酒，还是进口的葡萄酒、白兰地、威士忌等酒水品类如雨后春笋般涌现。各种品牌更是让消费者应接不暇。行业的壮大催生了行业展会的蓬勃发展。目前，在我国比较具有影响力的专业酒类展会信息如表 7-4 所示。

表 7-4　我国较有影响力的专业酒类展会

展会名称	地点	相关产品	召开时间可访问官网
全国糖酒商品交易会（春季）	成都	白酒、葡萄酒、其他国产和进口烈酒、食品和饮料、调味品、食品机械和食品包装	www.qgtjh.com
全国糖酒商品交易会（秋季）	巡回	白酒、葡萄酒、其他国产和进口烈酒	www.qgtjh.com
PROWEIN 上海	上海	葡萄酒、烈酒	www.prowein-shanghai.com
VINEXPO 上海	上海	葡萄酒、烈酒	www.vinexposium.com
SIAL 中食展	上海	酒和高端饮品、进口食品、休闲食品、农产品、肉类、水产品、调味品、冷链物流设备	www.sialchina.com
WINE TO ASIA	深圳	葡萄酒、烈酒、清酒、果酒	www.wine2asia.net
香港国际美酒展	香港	酒精类饮品、就业服务、葡萄酒投资产品、酒类配件及器具	m.hktdc.com/fair/hkwinefair-sc

拓展知识 | 全国糖酒商品交易会

全国糖酒商品交易会（简称"糖酒会"）创办于 1955 年，是中国历史最悠久的行业展会之一（如图 7-3 所示）。糖酒会素有中国食品行业"晴雨表"的美誉，其展出的产品包括中国白酒和黄酒、国内外葡萄酒、进口烈酒、食品和饮料、调味品、食品机械和食品包装六大门类产品。参加糖酒会的企业来自全球各地，可以说是中国食品行业目前规模最大、影响最广的专业展会。糖酒会每年分春、秋两季，从 1987 年开始，每年的春季展都在成都举行，而秋季展则会更换不同的城市。

在糖酒会期间，所举办城市的各大星级酒店也会提前举行各种品类的酒水展销会。业内称之为"展外展"或者"酒店展"。这些展销会各有各的产品定位和风格。采购商可根据自身需要选择参观的场次和地点。

图 7-3
全国糖酒商品交易会现场

展会上参展的企业，通常是酒水生产厂家，或者品牌的全国或某一市场区域的总代理。通过参加展会，餐厅可以获得酒水的第一手供应商信息。然而，并不是所有参展商都适合成为餐厅的酒水供应商。这是因为：

（1）通常一些大型的酒水生产厂家，其所在地距离餐厅较远，无法实现迅捷配送。

（2）大多数厂家或者品牌全国总代理，都会要求最低订货数量以及对全年销售任务的承诺。但普通餐厅的酒水销售量无法达到厂家或者品牌全国总代理的最低采购量的要求。

（3）大多数厂家都具有按照地域划分的品牌代理和经销商体系。餐厅可以通过厂家或者全国总代理了解餐厅所在地品牌代理商的联系信息，从而向当地的代理商或者经销商进行采购。

一个大型酒展的时间大概是 3 天。在 3 天的时间里，要想能够达到采购的目的，需要在观展前制定明确的目标，并做好详细的计划。切忌漫无目的地观展，最后既浪费时间又得不到预想的成果。为了能够达到观展的预期效果，我们应该对展会的运作模式有所了解，并且遵循一套科学的观展方式。

首先，在展览区域的划分中，一般会按照产品的品类和企业性质进行展位排列。一般来说一个品类或性质相同的酒水企业会被集中安排在一个区域。以成都全国糖酒会为例，参展商的分区大致包括：①国产白酒品牌厂商专区；②外商展区，以行业协会或国家组团形式参展的海外厂商、酒庄或者贸易商专区；③国内葡萄酒和烈酒进口商；④国产葡萄酒生产商专区。

在去参观展会前，采购人员应该与餐厅管理层以及后厨主管进行充分沟通，确认采购酒款的类型、价格区间、产区和口感特点等信息。到了展会后，应该根据品类和企业性质的区域划分，有规律地参观展位并品尝展品。

许多餐厅采购人员在参观葡萄酒展区的时候经常会进入一

个误区，就是在国外酒商展区流连忘返，或者认为只有跟国外酒商采购才能够拿到最便宜的价格。其实我们要清楚，国外来参展的企业，其主要目的是寻找可以以集装箱为单位大量进口的进口商。他们通常在国内没有现货，因此无法满足餐厅用酒的实际需求。当然，我们也不妨向国外展商咨询，看我们感兴趣的酒款在中国是否已经有了进口商，如果有，不妨让国外厂商提供该进口商的联系方式。

其次，我们在参观的时候，应该将感兴趣的酒款记录下来。这种记录既不能马虎潦草，也不必过于详细。我们只需要将供应商、价格、酒名、特点等信息记录下来，并用手机拍摄酒款的图片即可。

在参观酒展的时候，因为要高频率地品尝各种酒水，因此建议在品尝时将酒吐出来（通常每个展位上都备有吐酒桶）。同时，许多专家还建议，在参观展会的时候，应该遵循口感由清淡到厚重，颜色由浅到深的原则进行品鉴，这样即使我们在一天内品尝多种酒款，也能够保持味蕾的敏感和大脑的清醒，从而确保观展的效果。

2. 专业酒水批发市场

除了在酒展可以找到潜在的酒水供应商外，我们还可以到当地的糖酒批发市场去寻找合适的供应商。一些大型的专业糖酒批发市场里面通常会聚集一批酒水的批发零售商。他们一般是某些品牌的区域代理商或经销商，并且在自己的仓库中存有一定数量的现货。这些类型的商家具有发货及时、服务周到的优点。理论上说，这种类型的批发商适合于餐厅和酒店的日常采购。

然而由于某些批发商专业程度不足，其选择销售的产品不适应市场发展的需求，更加无法满足客户对于服务的多元化诉求。有些批发商甚至真假不分，沦为制假商贩销售的窗口。加之近年来物流行业发展迅猛，全国配送已经越来越便捷，许多传统的、以守株待兔为销售模式的批发商已经逐渐被专业的、年轻的品牌代理商或经销商所取代。这种新兴类型的品牌区域代理商或者经销商，通常不一定将工作场所设置在传统的批发市场当中，而是会通过设置办公室的方式进行市场拓展。

3. 酒商陌生拜访

在市场竞争激烈的今天，许多酒商不仅仅将自己开拓市场的方式局限在参加展会上，而是会派遣销售团队对潜在客户进行陌生拜访。"陌生拜访"指的是通过各种不同渠道，获取潜在客户的地址和联系电话等信息，通过约见的方式拜访客户，并在拜访的过程中让客户了解和品尝其所要推销的产品。

作为餐厅的老板或者采购负责人，经常会接到酒业公司销售人员希望进行拜访的电话。对于到访的销售人员，不妨先了解其推销的产品，如果其产品的定位与餐厅的需求有所匹配，可以更进一步深入了解其口感和价格。由于市场上产品众多，有时候虽然无法马上展开合作，但是可以先留下资料或者酒的样板，以备不时之需。

7.3.2   采购渠道的选择

作为餐厅来说，原则上不适宜与太多不同的酒水供应商同时合作，因为这会增加供应商管理的难度。然而实际情况是，只有少数几家酒水供应商能够为餐厅提供全面的酒水产品供给方案。如果餐厅涉及的酒水品类多，比如需要涵盖葡萄酒、啤酒、白酒等不同品类，那么一家餐厅与多家酒水供应商同时合作的情况也是不可避免的。根据酒水的不同类型和品牌，我们建议餐厅可以选择的最佳采购渠道如表 7-5 所示。

任务 82 | 管理能力

能够根据不同类型的酒水品类分析并选择最佳采购渠道

建议学习方法
理解、分析

5

表 7-5   不同类型的产品所对应的最佳采购渠道

酒水类型	实际采购渠道
传统国产葡萄酒品牌	如张裕、长城等传统国产葡萄酒品牌，一般具有严格的区域和渠道代理制度，餐厅可向其所在地的品牌总代理采购
新兴国产葡萄酒品牌	新兴的葡萄酒品牌，某些已经建立了健全的全国代理机制，可以跟本地的经销商进行采购；某些还没有建立全国代理机制的，可以直接向酒庄进行采购。直接向酒庄采购的，在售后服务方面会相对于具有代理机制的品牌略为欠缺
进口葡萄酒	进口葡萄酒行业中小企业较多。一些大型的进口葡萄酒代理公司，会有严格的品牌地域和渠道代理制度，并且有专人负责餐饮渠道的开发和维护；而一些小型的葡萄酒进口商则没有太严格的品牌代理机制，如果当地没有设立代理商或者经销商，餐厅可以直接向进口商采购，然而要考虑配送的及时性和售后服务的问题
进口品牌白兰地和其他烈酒	进口品牌的白兰地和其他烈酒，通常属于知名品牌产品。这些产品大部分受控于帝亚吉欧、保乐加、星座、LVMH 和三得利等国际酒类巨头。这些跨国集团公司设有严格的地域和渠道代理机制，餐厅可以与其所在地的品牌总代理或大型贸易商采购。而对于一些不受这些大型跨国集团控制的小众品牌烈酒，餐厅可以直接向进口商购买
国产啤酒	经过几十年的发展，国产啤酒的代理机制通常非常细致，有时候甚至会细致到街区的代理。由于啤酒销量大，周转速度快，需要及时补货，因此建议餐厅选择离自己最近的经销商或代理商采购

（续）

酒水类型	实际采购渠道
进口啤酒	进口啤酒是近年来的流行产品。一些比较知名的品牌，如宝拉纳、福佳、健力士、麒麟等，通常已经具备广阔的销售网络和完善的代理渠道机制。餐厅可以直接跟本地的代理商或者配送商进行采购；除了大品牌的进口啤酒外，还有一些中小型进口商也会代理一些国外小众的啤酒品牌，这些品牌风格独特、特色鲜明，深得年轻啤酒爱好者的喜爱，此类产品可以通过展会结识进口商并直接与进口商洽谈采购意向
中国白酒	中国白酒通常具有非常严格的分区域和分渠道的代理机制，餐厅可以直接与本地的品牌代理商或者经销商进行采购
日本清酒	除个别类似"菊正宗""白鹤""月桂冠"等大型清酒制造商外，日本清酒的生产企业通常生产规模较小。这也决定了在中国市场代理日本清酒的企业一般比较碎片化。由于实际可以销售的产量较小，因此许多进口商采取灵活的市场发展模式。餐厅可以直接与进口商洽谈采购事宜

任务 83 | 管理能力

能够参考"酒水供应商初步评估表"中的条款对供应商进行分析

建议学习方法
理解、分析

5

7.3.3　供应商评估和筛选

　　收集酒水供应商资源和信息是一个需要持续进行的工作。有时候手头上的供应商资源虽然很多，却并不是每一个都符合餐厅本身的需求。在收集到足够多的资料后，要开始根据餐厅的定位需求对供应商进行筛选。其中要根据以下几个维度对供应商进行评估：

　　（1）供应商的发货仓库与餐厅的距离（餐厅的葡萄酒销售具有不确定性，因此供应商是否能够及时补货是一个重要的考量因素，一般建议餐厅与在本地有现货仓库的供应商合作）。

　　（2）供应商的结账周期。

　　（3）供应商所能够提供的辅助服务（如培训、酒单设计和促销政策等）。

　　（4）可供选择的酒水（特别要关注葡萄酒的酒标设计风格、口感和种类）。

　　（5）可供选择的酒水价格区间。

　　通过表7-6，餐厅采购人员可以对酒水供应商进行初步评估。

表7-6　酒水供应商初步评估表

评估范畴	是	否
供应商是否具备正规的营业资质（营业执照、食品流通许可证等）		
供应商是否具有合作的意愿		
进口产品供应商的产品是否能够提供正规的进口文件		

（续）

评估范畴	是	否
供应商的产品是否有符合本餐厅销售的产品		
供应商的产品报价是否在餐厅的接受范围之内		
供应商是否能够确保酒水在规定的时间内送达		
供应商是否能够提供以下相关服务		
①培训		
②退换货		
③酒牌设计		
④提供高清晰产品图片		
⑤提供产品海报和展架		
⑥提供杯具、开瓶器、冰桶或醒酒器		
⑦提供恒温酒柜		
供应商是否能够开具发票		
供应商目前合作的餐厅品牌有哪些		
其他		

在经过评估后，可得出一份初选后的供应商清单。餐厅采购负责人员可以依据清单的信息一一开始联系。对于自己感兴趣的酒款，餐厅可要求供应商寄送酒板（即酒水的样板，或称"酒样"）。有些供应商愿意赠送，有些供应商则会要求餐厅以优惠的价格购买酒板，并且大多数都会承诺如果餐厅正式进货后会退回酒板的购买费用。酒板是否免费这个问题不应该作为餐厅筛选供应商的参考条件。对于餐厅采购负责人来说，只要确保供应商在产品定位、合作意愿、公司资质、产品价格、配送能力、服务支持等方面能够符合餐厅的要求就可以进入酒水采购工作的下一个环节了。

🧠 任务 84 | 管理能力

能够针对备选酒板组织盲品，利用评分模式进行评分并做出客观选择

———
建议学习方法
角色扮演、
小组实操

5

7.3.4 备选酒板评估（盲品样酒）

餐厅采购酒水的清单一般是要经过客观品鉴筛选后决定的。品鉴样品的时候，只凭一个人的判断很难选出一款客观的产品。因此通常建议餐厅组建一个由多名成员组成的品鉴小组。这个品鉴小组建议由不同背景的人士组成，包括：

（1）餐厅老板：负责综合所有参与人员的选酒意见和企业财务状况进行决策。

（2）餐厅主厨：负责从与菜式搭配角度提出选酒意见。

（3）餐厅前厅负责人员：负责从客户类型角度提出选酒意见。

（4）侍酒师：负责从日常客户反馈信息角度提出选酒意见。

（5）餐厅 VIP 客户代表：负责从自身喜好角度提出选酒意见。

品鉴一般以盲品的形式进行，其目的在于确保在不受任何外部因素影响的前提下对葡萄酒的口感做一个客观的评估。我们首先将酒板进行分组，确保参与对比的酒水是属于同一类别的产品。比如它们的葡萄品种相同，价格在规定的区间范围之内，等等。在这个前提下，以 10 分作为满分，每位品鉴人员通过盲品给每一款酒打分，并利用表格进行统计（如表 7-7 所示）。

表 7-7　酒水盲品评分表

评估项	得分权重	产品 1	产品 2	产品 3
香气	25%	8		
口感	25%	7		
外观	25%	5		
价格	25%	6		
综合实得分	100%	6.5		
品鉴者：				

假设餐厅需要采购三款来自波尔多的采购价格在 65~100 元之间的庄园级葡萄酒。我们将三款获得的产品酒板放在一组，用盲品的方式，首先对产品的"香气"和"口感"进行品鉴和评估。其次，通过对比"外观"和"价格"给出分数后统计最后的评估总分。分数计算方式为

实得分 = 项目分数 × 评估权重百分比

举例：如产品 1 的香气得分为 8 分，口感得分为 7 分，外观得分为 5 分，价格得分为 6 分，那么其综合实得分的统计方法如下：

香气：8×25%=2（分）
口感：7×25%=1.75（分）
外观：5×25%=1.25（分）
价格：6×25%=1.5（分）

总分 =2+1.75+1.25+1.5=6.5（分）

在表 7-7 中，四个评估项目的权重平均分配，即每个项目的权重占比均为 25%。而在实际情况中，根据餐厅对于不同评估项目的侧重点不同，还可以为每个评估项目设定不同的权重比例。比如一些餐厅认为葡萄酒口感比香气更加重要，同时又认为产品的外观包装非常重要，并且还认为只要在价格区间范围内，价格并不是一个最重要的考量因素，则可以将产品的评估项目权重调整至如表 7-8 所示。

表 7-8　评估项目权重调整

评估项目	香气	口感	外观	价格
产品评估项目权重	15%	25%	45%	15%

同样以上述产品 1 的打分结果进行计算，那么产品的综合实得分如下：

香气：$8 \times 15\% = 1.2$（分）
口感：$7 \times 25\% = 1.75$（分）
外观：$5 \times 45\% = 2.25$（分）
价格：$6 \times 15\% = 0.9$（分）

总分 $= 1.2 + 1.75 + 2.25 + 0.9 = 6.1$（分）

我们可以看出，由于外观占比较大，如果外观本身得分不高，会最终导致产品的综合实得分不高。

除了从"香气""口感""外观""价格"这四个项目对产品进行评估外，根据餐厅自身的喜好，还可以设置其他的评估项目或者在某一个大类中更加细化的评估标准（比如："口感"项目中可以设置"单宁越不明显的得分越高"）。

在得出每位品鉴者打出的综合实得分后，要对所有品鉴者的评分进行最后统计（如表 7-9 所示）。分值最高的产品将会成为通过客观评估方式选出来的最佳产品。

表 7-9　综合评分统计表

品鉴者	产品 1	产品 2	产品 3
品鉴者 1			
品鉴者 2			
品鉴者 3			
品鉴者 4			
总分			

在完成打分后，餐厅管理层通过综合所有信息、数据以及每一个供应商的细化合作条件，最后选出餐厅决定录入采购清单的产品。经过最后筛选得出的产品即是餐厅需要下单进货的产品。这个时候，与酒单设计工作同步，下单进货的工作已经可以展开。

7.3.5 采购下单

酒水采购下单是一个严谨的过程，过程中稍有疏忽就可能给企业带来不必要的损失。因此每次下单之前，都应该遵循正确完备的下单流程来进行操作，以确保买卖双方的合法权益。

在与任何供应商进行合作之前，都应该事先签订"采购合作协议书"。"采购合作协议书"规定了双方的合作方式、付款方式、通常情况下使用的物流方式、收货方式、采购价格、优惠方式、返点模式、违约责任和争议解决方式等重要条款。在签订好"采购合作协议书"后，买方在需要采购时才向供应商发送每一批次的采购订单。下达订单的流程如图 7-4 所示。

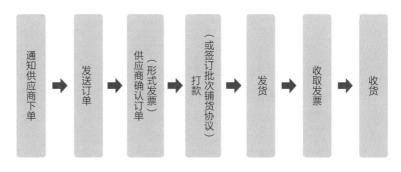

图 7-4 采购下单流程

向酒水供应商下达订单，需要以书面的形式进行。订单必须明确注明以下信息和内容：

（1）酒水的名称、型号和年份。

（2）酒水订购数量。

（3）酒水的净含量。

（4）酒水的采购价格。

（5）收货联系人。

（6）收货地址。

（7）送货方式。

（8）到货时间。

酒水采购订单设计如图 7-5 所示。

XXX 公司酒水采购订单	采购订单号：	
	订单时间：	

采购方：		供应商：	
办公地址：		办公地址：	
采购方负责人：		供应商负责人：	
联系电话：		联系电话：	
送货地址：			
收货联系人：		联系电话：	

序号	产品名	单位	订购数量	单价	小计	交货日期
1						
2						
3						
4						
5						
大写合计（人民币）：				TOTAL		

备　注：	1. 送货单上请注明我司采购订单编号；
	2. 交货方式：供应商负责运输到指定地点，包装运输费由供应商承担；
	3. 供应商需提供完整的产品销售所需单证；
	4. 产品质量需符合双方签订的“采购合同”的相关标准；
	5. 产品价格包含 17%的增值税；
	6. 其他事项参考双方签署的相关采购合同；

双方确认签字，签字后请回传		
采购负责人：	验货负责人（侍酒师）：	供应商负责人：
签章：	签章：	签章：
日期：	日期：	日期：

图 7-5　酒水采购订单设计

7.3.6　送货单与酒水信息核对

任务 86 | 管理能力

能够核对酒水送货单信息

建议学习方法

小组实操　5

供应商在收到订单后要打印送货单，送货单一般为四联单，其中一联交由卖方物流部门对单发货，一联交由卖方销售部门存档，一联由买方签收后返回卖方，最后一联为签收复写单由买方签收后留存。送货单所包含的信息包括：

（1）酒水的年份。

（2）酒水的净含量。

（3）酒水订购数量。

（4）酒水的采购价格（小计和总计）。

（5）酒水的年份。

（6）本批次酒水的折扣和买赠政策（如有）。

（7）收货联系人。

（8）送货时间。

（9）酒水的包装方式。

（10）订单负责人（客户经理或者销售主管）。

（11）物流查询方式。

买方在确认收货后，应该在送货单上签名并盖章。一般情况下，签收后的原件应该返回卖方，复写件则由买方进行留存保管。送货单设计样本如图 7-6 所示。

图 7-6 送货单样本

餐厅采购人员在核对完供应商出货单和订单信息一致后，可以向供应商发出发货指令。下达订单后，如果酒水在规定的时间内未送达，酒水采购人员应该以电话的形式向供应商订单负责人（客户经理或销售主管）问询实际情况。

任务 87｜管理能力

能够参考"餐厅酒水来货检查表"对到货酒水进行来货检查

建议学习方法
小组实操 **5**

7.3.7 酒水来货检验

任何一批进入仓库的葡萄酒和烈酒都要经过严格的入库前检查。检查不通过的产品，要做退货处理。酒水是昂贵的消费品，客人有权利对产品的品相提出合理的要求，而餐厅则有责任保每一瓶呈现在客人面前的葡萄酒和烈酒，不管是外观还是酒质都是完好无缺的。

来货检查时，与酒水品质相关的关键检查事项与本书单元 3 中的表 3-6"酒水品相检查事项"基本一致，即包括酒标、瓶帽、葡萄酒的凸塞和漏液、水位、瓶身、酒液六个方面。

除此之外，由于酒水需要在仓库中储存一段时间，因此还需要关注酒水配送到货后的外包装的质量和状态。葡萄酒的外包装用于在仓库中保护酒瓶不受损坏。一些采购量大的葡萄酒，在仓库存放的时候要将纸箱垒成堆头放置，因此纸箱的硬度决定纸箱在叠放时会不会有坍塌的风险。最后，还要检查纸箱底部的封胶是否牢固，以防止在搬动时因底部封胶不牢固而导致酒瓶坠落。

除了与酒水质量、包装相关的注意事项外，在收取货物时还需要检查供应商应该提供的、随货附送的商业资料，以配合工商执法部门上门检查。这些资料包括：

（1）产品的质量分析报告。

（2）如葡萄酒为进口产品，需提供葡萄酒的进口清关单据复印件和进口检验检疫证书文件复印件。

（3）葡萄酒进口商的营业执照复印件。

（4）葡萄酒的采购合同复印件。

（5）供应商公司的食品流通许可证。

这些文件，在每一次供应商送货时，都必须提醒供应商将其最新版本与产品一同配送。综上所述，在进行酒水的来货检查时，我们通常会通过表 7-10 的形式对产品质量进行筛查。

表 7-10　餐厅酒水来货检查表（举例）

序号	审查项目	是否达标	处理意见
1	酒水一般性信息的核对		
1-1	酒水数量是否正确	√	
1-2	酒水品牌是否正确	√	
1-3	酒水年份是否正确	√	
1-4	酒水净含量是否正常	√	
2	酒水的外观检查		
2-1	酒瓶破碎且漏液	×	破损一瓶，其余五瓶受浸染无法销售，应退还供应商
2-2	酒瓶磕碰未漏液	√	
2-3	酒标（前标和背标）	×	三瓶葡萄酒前标破损无法销售，应退还供应商
2-4	葡萄酒是否有凸塞	无	
2-5	葡萄酒（新年份葡萄酒）的酒帽是否有破损	无	

（续）

序号	审查项目	是否达标	处理意见
2-6	是否发生漏液	√	20 年茅台有酒液轻微溢出，仓储时请注意，可收货
2-7	酒水的外包装是否受潮	√	
3	酒水品质检查		
3-1	白葡萄酒酒色是否偏黄或者同一批次深浅不一	√	
3-2	酒水水位是否正常	√	
3-3	酒水酒液是否浑浊	√	
3-4	新酒是否有大颗粒沉淀	√	
4	商业相关信息和资料的检查		
4-1	进口酒是否按要求粘贴中文背标	√	
4-2	进口酒是否有提供 ICQ 进口检验检疫报告复印件	√	
4-3	进口酒水是否提供进口企业的公司资质复印件	√	
4-4	发票是否随货送达	√	
4-5	发票信息是否正确（单位名称、品名、金额）	√	
4-6	促销产品数量是否正确	×	开票单位名称有误，需寄回重开

通过对上述内容的现场检查，可以确保酒水在入库前已经达到上架销售的标准。在确定好未达标货物的处理办法后，采购相关负责人员可以签字确认，然后将检验合格的酒水入库。

技能考核

1. 能够运用表 7-7 和表 7-9 对相同品类的酒水用盲品和打分的方式进行筛选。
2. 能够根据表 7-10 对来货酒水进行全面检验。
3. 能够按照清单审核酒水来货时的相关文件。
4. 按照给出的信息制订一份酒水订单。

思考与实践

1. 餐厅酒水选品如果全部都是知名品牌好不好？
2. 作为年轻的消费者，你个人喜欢什么类型的酒标？在网上搜索一下，把你喜欢的酒标类型通过截图的方式记录下来并与大家进行分享。

3. 假设一家川菜餐厅的人均消费为 300 元，消费群体以商务人士为主，请列出适合餐厅销售的三款白葡萄酒、三款红葡萄酒和一款店酒（House Wine）。

4. 一家海鲜自助餐餐厅，售价为 388 元 / 位。餐厅决定选择一款红葡萄酒和一款白葡萄酒作为店酒，你会给出什么建议？

5. 在进行库存盘点后，发现有 12 款酒水的客人点单率很低，有一些已经库存超过三年，餐厅领导层决定挑选一些更加适合餐厅的、更受客人喜爱的酒水品牌，对于这些库存的酒水，作为餐厅侍酒师的你打算怎么处理？

6. 有一个在展会上找到的供应商，其产品无论是价格、品质还是包装都非常适合餐厅的需求，但是在向其索取样酒进行品鉴的时候，该供应商却要求我们购买样酒，遇到这种情况你会怎么办？

7. 有两个供应商，他们的产品可相互替换且品质都通过了盲品测试，A 供应商的价格比较便宜但距离我们较远，B 供应商是本地供应商，但 B 供应商的价格比 A 供应商的产品价格贵 7%，你会选择哪个供应商？为什么？

8. 有一个酒商是餐厅老板的朋友，他极力向作为酒水主管的你推荐他的产品。但是由于他的产品并不适合餐厅销售，遇见这种情况你应该如何处理？

侍酒服务与管理

单元 8

酒水的仓储管理

Unit Eight

内容提要

酒水的仓储管理是餐厅酒水管理人员每天的常规工作。本单元的学习内容包括酒水的库存盘点、进出货管理原则、酒水仓库的环境维护和管理办法这三个主要工作项目。这些学习内容是一名专业酒水管理人员必须具备的职业能力。

酒水的仓储管理需要有专业的硬件设备，确保酒水在符合规范的仓储环境中能维持质量的稳定；同时还要有良好的管理制度，保障在库存更迭的过程中账目清晰。

8.1 酒水库存盘点

图 8-1　酒水管理人员每天对酒水库存进行盘点

在餐厅环境中，酒水通常会有两处存放点：一个存放点是餐厅前厅展示架或恒温酒柜，另外一个存放点则是餐厅干料仓库。因此餐厅酒水的库存管理要涵盖这两个存放点的存货。

干料仓库的库存需要每天盘点一次（如图 8-1 所示）。盘点仓库时要按照葡萄酒的品牌、分类和年份等信息进行核实。楼面酒柜的库存也需要进行每日盘点。同时要根据干料仓库和楼面酒柜的盘点总量，核对上一次盘点和本次盘点相差的库存数目。该差额加上入库数量应该与销售数量和损坏数量的总和相一致，即：

本次盘点总量＋销售数量＋损坏数量＝上次盘点数量＋入库数量

如果在核对时发现数量对不上，则应该将情况上报并查明具体原因。一般餐厅都会根据自己的管理习惯制作库存盘点表。

表格中通常会列明品名、年份、规格、数量和保质期等。同时库存的每一次变动（如入库、出库、破损、变质等信息）都必须清楚地记录和反映在"库存清单"上面。一般来说，库存清单可以反映出来的信息包括：

（1）产品对应的存放区间编号。

（2）每一个单品的库存数量。

（3）每次入库的日期。

（4）出库的时间和去向（用途，对应客人下单的单号）。

（5）酒水对应的供应商。

（6）酒水单价。

（7）酒水的最大库存量和最小库存量。

（8）库存的价值。

目前大部分计算机系统通过扫码录入已经具备库存管理和库存价值计算的功能。然而实践表明，计算机系统的数据统计和实际数据统计在企业运营一段时间后经常会出现数值偏差。因此建议定期（如每星期或每月）对计算机数据和人工盘点数据进行一次核准。如果最终实际盘点数量与系统记录数量不一致，应该当天与前厅主管进行沟通，查阅销售数据，切忌将问题延后处理。

作为侍酒师需要熟悉餐厅中每一种酒水当天的库存信息。只有这样，才能够正确地给宾客推荐酒水。在客人做出选择之前，要提前告知哪些酒暂时缺货，这样才能避免出现宾客在一番深思熟虑后却点了一瓶缺货的酒这种尴尬情况。

8.2　FIFO（先进先出）原则

任务 89 | 管理能力

了解 FIFO（先进先出）的酒水库存管理原则

建议学习方法
阅读、理解　5

葡萄酒的库存管理通常遵循先进先出（First Input First Output，FIFO）的进出库原则，即先入库的葡萄酒先出货，后入库的葡萄酒后出货。但如果后入库的酒水和饮品所剩余的保质期比先入库的同品牌同型号的产品保质期短，则需要先使用后入库的产品。后者这种情况比较少见。

8.3　酒水储存环境维护

任务 90 | 管理能力

能够对酒水储存环境进行管理和维护

建议学习方法
小组实操　5

酒水是一种对外部环境非常敏感的产品。任何类型的酒水，都不适宜放置在高温、暴晒、过度潮湿以及卫生条件不佳的场所。库存的酒水价值不菲，仓储条件不佳会导致产品变质，继而给餐厅造成巨大的损失。酒水变质，通常从外表很难察觉，一旦让客户品尝后觉察酒水变质，则会严重影响客人就餐的体验和满意度。

餐厅酒水的存放地点分为前厅展示区和干料仓库存放区。两个区域存放的酒水都是用于销售的，因此对这两个区域酒水储存环境需要进行特殊的维护。

1. 餐厅前厅展示区

餐厅前厅展示区一般以展示葡萄酒为主，通常包括餐厅前厅恒温酒柜、吧台酒架展示区、葡萄酒分杯机三个区域，如图8-2所示。此外，一些临时用于摆设促销堆头的酒也需要列入被盘点的范畴。

前厅恒温酒柜存酒多为葡萄酒。对于在前厅恒温酒柜的存酒，应该注意光照和温度变化带来的影响。恒温酒柜在开和关的

餐厅前厅恒温酒柜

吧台酒架展示区

葡萄酒分杯机

图 8-2　餐厅楼面三个不同的储存酒水的地点

过程中储存温度容易产生波动，因此要注意每次取酒时动作尽量快速；其次是在取酒完后，要确保酒柜门完全闭合。

对于在吧台酒架上陈列的酒水一般以烈酒为主。如果有葡萄酒，那么会受到因餐厅空调开闭而带来的温差的影响，因此建议在收市前将葡萄酒放入恒温酒柜保管，开市前再拿出；而酒架上展出的用于调酒用的烈酒受温差影响不大。

在前厅恒温酒柜展示的葡萄酒，要注意调节其储藏的温度。对于有双温区的恒温酒柜，应该将红葡萄酒与白葡萄、甜型葡萄酒和起泡酒分开放置。红葡萄酒温区的温度设定为13℃；白葡萄酒、甜型葡萄酒和起泡酒的温度设定为6℃。

2. 干料仓库中的酒水存放条件

干料仓库中存放的酒水，一般是整箱放置。对于无法成箱存放的葡萄酒，也应该将其收纳至统一的纸箱或塑料周转箱中放置。在仓库存放区域无法实现为葡萄酒设置独立储存空间的情况下，应该将其与面粉、大米、食用油等干燥、密封、无明显气味的产品放置在同一个区域，而不应该与生鲜食材或调味品摆放在同一个区域。摆放空间一定要避免与地板直接接触（建议使用1.2米×0.8米木托盘作为存货堆头的底部承托（如图8-3所示）或者用货架进行产品放置（如图8-4所示）；仓储空间应该时刻保持干燥、通风、低温、恒温。

在对干料仓库存放区进行区域规划的过程中应该注意：

图 8-3　在仓库中用于承托酒水堆头的托板

图 8-4　在干货仓库中存放葡萄酒和其他酒水的货架

①应该按照不同的酒水品种划分不同的存放区域。

②对于葡萄酒来说，由于细分的品类比较多，因此需要按照酒的种类、产区等方式进行分区摆放。同时，由于某些葡萄酒的价值较高，一般建议葡萄酒存放在货架上或者使用单独空间进行摆放。

③对于一些畅销的产品，应该放置在方便拿取的地方；对于一些贵重的产品，则需要放置在更加安全、保险的位置。

④每一个划分出来的特定区间都必须有一个编号。

⑤仓库应定期进行清扫、消毒，预防和杜绝虫害、鼠害。

⑥尽量控制有权进入仓库的人员数量，职工的私人物品一律不许存放在仓库内。

⑦在干料仓库中应该放置防火消防设备以备不时之需（如图8-5所示）。

总之，在仓库中合理地摆放产品，有利于提高工作效率和防止在服务中出现错误，避免不必要的损失。

在众多酒水品类中，葡萄酒的储藏条件较为特殊，在设置葡萄酒的干料仓库存放区时，应该注意以下六点：

（1）温度。干料仓库应该安装性能良好的温度计和湿度计（如图8-6所示），并定时检查仓库温度。温度对于与葡萄酒的品质影响很大，通常要求控制在11~14℃。储藏室温度过高，会令酒早熟以致成为退化的葡萄酒，温度过低则会导致葡萄酒的香气受到抑制。白葡萄酒比红葡萄酒对温度更敏感，温度高了酒水的品质会下降，颜色会变深。

（2）湿度。湿度是影响葡萄酒质量的另一重要因素。大部分葡萄酒都使用软木塞进行封瓶。湿度过低，软木塞会变得干燥，无法隔绝空气；湿度过大，又会因潮湿而导致酒塞发霉或者标签损坏。因此，一般应将相应湿度保持在75%左右。

（3）按照酒水的种类、品牌和年份进行分类，每一种类目都应有其固定的存放位置并粘贴相关标签。入库的酒水须在其标签上注明进货日期以利于按照先进先出的原则进行发放（如图8-7所示）。当储存的酒水种类和数量较多时，准备一本酒水档案是十分必要和有用的。档案中应包括酒名、产区、存放位置和编号、年份、生产厂商及定期检查和品

图8-5　在仓库中应该放置符合规范的灭火装置

图8-6　干料仓库中必备的温度计和湿度计

图8-7　在货架上的货物应该用标签详细标注其产品信息

尝记录等内容。

（4）光照。光照也会对葡萄酒质量产生影响。因此储存时应避免长时间的光线直射。平时无须照明时，应该将灯光熄灭。一些刺目的灯光（如日光灯）极易使酒变质，所有暴露在光线之下的葡萄酒都会受其影响而造成氧化加速。白葡萄酒被阳光直射后，往往会变成深黄色甚至棕色。同时，一些色彩鲜艳的酒标长期暴露在光线之下会造成酒标褪色和脱胶。

（5）外包装箱。除某些名贵的葡萄酒使用木制外包装箱外，大部分酒水的外包装箱都是 6 瓶装或者 12 瓶装的纸箱。纸箱的承重力有限，如果堆垒过高，容易造成坍塌，从而有可能造成酒瓶的破碎；同时，纸箱在受潮后容易霉烂，这样会给霉菌制造一个生存的环境，并且会给蟑螂等昆虫提供活动的空间，这样会对酒水的卫生状况造成极差的影响。因此对于纸箱包装的酒水，我们一定要对其状态多加留意，以防患于未然。

（6）葡萄酒在储存中，可以和白酒、威士忌、黄酒、啤酒等放在一起，但不能与蔬菜、食物放在一起，更不能和易挥发产品一起存放，也不能接触、靠近有腐蚀或易发霉、发潮的物品，这些东西会污染损坏葡萄酒；任何酒水的贮存应至少离地面 25 厘米，离墙壁 5 厘米。

不同类型酒水的储藏条件如表 8-1~ 表 8-4 所示。

操作风险提示

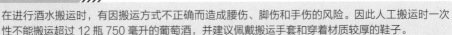

在进行酒水搬运时，有因搬运方式不正确而造成腰伤、脚伤和手伤的风险。因此人工搬运时一次性不能搬运超过 12 瓶 750 毫升的葡萄酒，并建议佩戴搬运手套和穿着材质较厚的鞋子。

表 8-1　葡萄酒的储藏条件

酒款类型	湿度控制	温度控制	其他关键控制点
红葡萄酒	75%	仓储温度 20℃左右 酒柜温度 13℃，温度保持恒定	1. 饮用前 12 小时放置到电子恒温酒柜中进行保存 2. 在恒温酒柜保存时需平放 3. 选用电子恒温酒柜高温温区 4. 避免光线照射 5. 放置时与地板保持一定距离，可选择用托板垫底 6. 注意观察纸箱的状态，不要堆垒过高，防止因为过度堆放而造成纸箱变形

（续）

酒款类型	湿度控制	温度控制	其他关键控制点
白葡萄酒，桃红葡萄酒，起泡酒，半干、半甜型葡萄酒，甜型葡萄酒	75%	仓库温度20℃以下　酒柜温度设定为6℃	1. 饮用前12小时放置到电子恒温酒柜进行保存 2. 恒温酒柜保存时需平放 3. 选用电子恒温酒柜低温温区 4. 避免光线照射 5. 放置时与地板保持一定距离，可选择用托板垫底 6. 注意观察纸箱的状态，不要堆垒过高，防止因为过度堆放而造成纸箱变形

表8-2　中国白酒的储藏条件

酒款类型	湿度控制	温度控制	其他关键控制点
中国白酒	70%	25℃左右	1. 严禁靠近热源和火源 2. 存放时应该垂直放置 3. 容器封口要严密，防止"渗酒""溢酒""漏酒" 4. 避免光线照射 5. 放置时与地板保持一定距离，可选择用托板垫底 6. 注意观察纸箱的状态，不要堆垒过高，防止因为过度堆放而造成纸箱变形

表8-3　西方烈酒的储藏条件

酒款类型	湿度控制	温度控制	其他关键控制点
白兰地、金酒、特基拉酒、伏特加酒、朗姆酒等	70%	仓储温度20℃左右	1. 严禁靠近热源和火源 2. 存放时应该垂直放置 3. 容器封口要严密，防止"渗酒""溢酒""漏酒" 4. 避免光线照射 5. 放置时与地板保持一定距离，可选择用托板垫底 6. 注意观察纸箱的状态，不要堆垒过高，防止因为过度堆放而造成纸箱变形

表8-4　日本清酒的储藏条件

酒款类型	湿度控制	温度控制	其他关键控制点
日本清酒	由于清酒使用金属螺旋盖封瓶，湿度过高会导致瓶盖生锈或者标签被腐蚀	5~10℃	1. 严禁靠近热源和火源 2. 存放时应该垂直放置 3. 容器封口要严密，防止"渗酒""溢酒""漏酒" 4. 避免光线照射

技能考核

1. 用 Word 文档制作一份库存盘点清单，对实训室（或餐厅）的库存酒水进行盘点。
2. 对库存酒水进行盘点后，了解每一批次产品的进货时间，根据先进先出原则，说出哪些产品应该优先出货。
3. 了解恒温酒柜的使用原理，懂得调节双温区电子恒温酒柜的温度设置。
4. 掌握维护酒水干料仓库环境的注意事项。

思考与实践

1. 专业的仓储条件是否会对酒水销量产生影响？
2. 你认为是否有必要每天告知前厅服务人员餐厅酒水的库存数量？

侍酒服务与管理

附 录

图标解释：◆：酒庄产品 | 2nd：副牌酒

附录1　中国宁夏贺兰山东麓产区列级酒庄检索

检索方式：酒庄名【产地名】◆产品名

• 迦南美地酒庄魔方红葡萄酒 •

• 美贺庄园珍藏干红葡萄酒 •

珍藏西拉干红、特级赤霞珠干红、优选有机干红、精选赤霞珠干红、精选雷司令干白

宝实酒庄【银川产区】◆宝实酒庄昊苑宝石红赤霞珠干红、宝实酒庄昊苑宝石红干红、宝实酒庄昊苑宝石红梅鹿辄干红

蒲尚酒庄【银川产区】◆蒲尚酒庄马瑟兰干红

新牛酒庄【银川产区】◆纵情赤霞珠干红、纵情花田喜雨干红、纵情花田喜雨干白

蓝赛酒庄【宁夏产区】◆墨研赤霞珠干红

汇达酒庄【红寺堡产区】◆汇达酒庄千红裕赤霞珠黄金级干红、汇达酒庄千红裕赤霞珠钻石级干红、汇达酒庄千红裕赤霞珠铂金级干红、汇达酒庄千红裕赤霞珠东一区赤霞珠干红

贺兰芳华田园酒庄【青铜峡产区】◆贺兰芳华赤霞珠干红

海香苑酒庄【银川产区】◆枕山酒园揽月珍藏赤霞珠干红、海香苑抚星赤霞珠干红、枕山酒园吻痕桃红

四级庄

禹皇酒庄【青铜峡产区】◆禹皇伯爵蛇龙珠干红、禹皇公爵赤霞珠干红、禹皇公爵精选蛇龙珠干红、禹皇侯爵蛇龙珠干红、禹皇侯爵赤霞珠干红、禹皇侯爵贵人香半甜白、橘黄伯爵赤霞珠干红、禹皇子爵梅鹿辄干红、禹皇子爵赤霞珠、禹皇男爵赤霞珠干红

法塞特酒庄【宁夏产区】◆法塞特2010桃红、法塞特2008赤霞珠美乐

长城天赋酒庄【永宁产区】◆贵人香干白

张裕摩赛尔十五世酒庄【银川产区】◆张裕摩赛尔十五世酒庄干红

森淼兰月谷酒庄【银川产区】◆森淼兰月谷冰葡萄酒、森淼兰月谷珍藏级赤霞珠干红、森淼兰月谷橡木桶珍藏赤霞珠干红

御马酒庄【青铜峡产区】◆御马甘堡西拉干红、御马02黑皮诺干红、御马经典解百纳干红、御马神索干红、御马98梅洛干红、御马霞多丽干白、御马黑皮诺干红、御马96赤霞珠干红

金沙湾酒庄【青铜峡产区】◆金沙湾酒庄智川干红、金沙湾酒庄博山干红

维加妮酒庄【青铜峡产区】◆甘鸽彩标、甘鸽黑标、遇到妮桃红、毅伯爵、兰山伯爵生态优选

西鸽酒庄【青铜峡产区】◆贺兰红赤霞珠干红N.28、荷兰红老藤珍藏N.50、玉鸽宋彩干白、玉鸽宋彩桃红、玉鸽宋彩干红、玉鸽单一园霞多丽、玉鸽单一园赤霞珠、玉鸽单一园蛇龙珠、西鸽N.28干红、西鸽N.50干红、西鸽N.609干红、玉鸽国彩红、玉鸽国彩·蓝、西鸽"X"黑比诺干红

华昊酒庄【青铜峡产区】◆华昊酒庄赤霞珠干红、华昊酒庄特酿美乐干红

长和翡翠酒庄【永宁产区】◆珍藏赤霞珠干红、精酿赤霞珠干红、窖藏赤霞珠干红

沃尔丰酒庄【贺兰产区】◆沃尔丰酒庄家族传奇橡木桶品丽珠干红、沃尔丰酒庄霞多丽干白、沃尔丰酒庄兰山图美乐干红

东方裕兴酒庄【红寺堡产区】◆戈蕊红赤霞珠干红

红寺堡酒庄【红寺堡产区】◆红寺堡赤霞珠干红

和誉新秦中酒庄【银川产区】◆和誉兰山赤霞珠干红、和誉喜月干红、新秦中干红、和誉青鸟威代尔半甜、和誉珍藏干红

罗山酒庄【红寺堡产区】◆罗山神韵、罗山传奇、罗山之恋、罗山红、罗山霞多丽、罗山小桃红

阳阳国际酒庄【贺兰产区】◆贺尊窖藏蛇龙珠干红、贺尊窖藏赤霞珠干红

类人首酒庄【贺兰产区】◆经典蛇龙珠干红、类人首L6干白、经典佳百纳干红

五级庄

新慧彬酒庄【永宁产区】◆尚颂堡赤霞珠干红

天得酒庄【红寺堡产区】◆天得酒业粒选版龙骅干红

红粉佳荣酒庄【贺兰产区】◆红粉佳荣系列葡萄酒

仁益源酒庄【贺兰产区】◆湖城珍珠赤霞珠干红、湖城珍珠马瑟兰干红、湖城珍珠美乐干红

嘉地酒园【贺兰产区】◆嘉地酒园咏叹调干红、嘉地酒园风信子干红、嘉地酒园风信子桃红

容园美酒庄【青铜峡产区】◆高端系列红方印马尔贝克

夏木酒庄【贺兰产区】◆夏木维欧尼干白2019

皇蔻酒庄【青铜峡产区】◆天骄马瑟兰干红、贝莎赤霞珠干红

莱恩堡酒庄【贺兰产区】◆赤霞珠干红、莱恩堡2014品丽珠干红

西御王泉酒庄【石嘴山产区】◆西御王泉蛇龙珠干红

漠贝酒庄【贺兰产区】◆漠贝蛇龙珠干红

罗兰马歌酒庄【红寺堡产区】◆红寺堡罗兰马歌庄园珍藏版干红

鹤泉酒庄【宁夏产区】◆"贺玉"系统干红

凯仕丽酒庄【红寺堡产区】◆凯仕丽绿洲珍藏干红、凯仕丽马兰花桃红

麓哲菲酒庄【贺兰产区】◆"麓哲菲"干红、"麓哲菲"桃红

附录 2 中国其他精品酒庄检索

检索方式：酒庄名【产地名】◆产品名

宁夏产区

博纳佰馥酒庄【银川产区】◆博纳佰馥干红、博纳佰馥干白、佰馥干红、佰馥干白、馥干红

• 博纳佰馥干红葡萄酒 •

银色高地酒庄【贺兰产区】◆银色高地阙歌干红、银色高地家族珍藏干红、银色高地家族珍藏霞多丽干白、银色高地世纪勇士干红、银色高地世纪勇士干白、家园黑比诺干红、家园马瑟兰干红、黎明干红、开屏起泡酒

• 银色高地阙歌红葡萄酒 •

云南产区

傲云干红【阿东、朔日、斯农、西当】◆傲云干红

木杫酒庄【茨中产区】◆木杫粒选干红、木杫浸皮干白

霄岭酒庄【茨中产区】◆霄岭干红、霄岭之道

山西产区

怡园酒庄【太谷县产区】◆庄主珍藏、深蓝、怡园德熙珍藏赤霞珠、怡园德熙珍藏梅鹿辄、怡园德熙珍藏品丽珠、怡园德熙珍藏马瑟兰、怡园德熙珍藏阿里亚尼考、怡园德熙珍藏阿里亚尼考、怡园德熙珍藏西拉、怡园德熙珍藏霞多丽、怡园精选干红、怡园精选干白、奏鸣曲系列、怡园庆春系列、德寧珍藏起泡酒、德寧喜悦霞多丽起泡酒、德寧期盼品丽珠起泡酒、德寧追寻白诗南起泡酒

戎子酒庄【乡宁县产区】◆红标赤霞珠、小戎子·蓝标干红、小戎子紫标干红、轻柔桃红、春华干红、戎子雅黄干红

山东产区

九顶庄园【莱西产区】◆桃气半干桃红、经典干红、经典干白、珍藏干红、珍藏干白、精选蛇龙珠、精选小芒森白、氣干红、氣干白

珑岱酒庄【蓬莱产区】◆珑岱干红

龙亭酒庄【蓬莱产区】◆龙亭珍藏品丽珠干红、龙亭传承赤霞珠干红、龙亭海风莱霞多丽干白、龙亭醉桃春夏品丽珠桃红、龙亭东方美人小芒森甜白

河北怀来产区

迦南酒业【怀来产区】◆诗百篇珍藏赤霞珠干红、诗百篇珍藏美乐干红、诗百篇特选黑比诺干红、诗百篇特选丹魄干红、诗百篇珍藏霞多丽干白

中法庄园【怀来产区】◆中法庄园小芒森甜白

新疆产区

蒲昌酒庄【吐鲁番产区】◆蒲昌酒庄沙布拉维珍藏干红、蒲昌酒庄白羽干白、蒲昌酒庄晚红蜜干红

天塞酒庄【焉耆盆地产区】◆天塞珍藏赤霞珠干红、天塞酒庄庄主珍藏西拉 / 马瑟兰干红、天塞珍藏霞多丽干白、天塞酒庄 T50 西拉干红、天塞酒庄 T20 霞多丽干白、天塞酒庄 T20 西拉 / 马瑟兰干红、天塞酒庄 T95 马瑟兰干红、天塞酒庄 S20 赤霞

• 天塞特别珍藏西拉/马瑟兰干红葡萄酒 •

珠 / 美乐干红、天塞酒庄 S20 赤霞珠干红、天塞印鉴美乐干红、天塞印迹赤霞珠干红、天塞悦饮赤霞珠干红、天塞经典西拉干红、天塞经典美乐干红、天塞经典赤霞珠干红、天塞经典品丽珠干红、天塞经典赤霞珠美乐干红、天塞世纪生肖系列

尼雅【天山北麓产区】◆尼雅酿酒师精酿级干红、尼雅赤霞珠干红

附录 3　波尔多 1855 年列级名庄及副牌酒检索

检索方式：酒庄名【外语产地名，中文产地名】2ⁿᵈ 副牌酒名

一级列级庄 / Premiers Crus Classés

Château LATOUR【Pauillac，波亚克 】2ⁿᵈ Les Forts de LA-TOUR

Château HAUT-BRION【Pessac-Léognan，佩萨克雷奥良】2ⁿᵈ Le Clarence de HAUT-BRION

Château LAFITE ROTHSCHILD【Pauillac，波亚克】2ⁿᵈ Carruades de LAFITE

Château MARGAUX【Margaux， 玛 歌 】2ⁿᵈ Pavillon Rouge de CHATEAU MARGAUX

Château MOUTON ROTHSCHILD【Pauillac，波亚克 】2ⁿᵈ PETIT MOUTON

二级列级庄 / Seconds Crus Classés

Château BRANE-CANTENAC【Margaux， 玛 歌 】2ⁿᵈ Baron de BRANE

Château COS-D'ESTROUNEL【Saint-Estèphe，圣爱斯泰夫 】2ⁿᵈ Les Pagodes de COS

Château DUCRU-BEAUCAILLOU【Saint-Julien，圣于连 】2ⁿᵈ La Croix BEAUCAILLOU

Château DUFORT-VIVENS【Margaux，玛歌】2ⁿᵈ Vivens de Château DUFORT-VIVENS

Château GRUARD-LAROSE【Saint-Julien，圣于连 】2ⁿᵈ Sagret de GRUAD-LAROSE

Château LASCOMBES【Margaux，玛歌】2ⁿᵈ Chevalier de LAS-COMBES

Château LEOVILLE-BARTON【Saint-Julien， 圣于连 】2ⁿᵈ Réserve de LEOVILLE BARTON

Château LEOVILLE-LAS-CASES【Saint-Julien， 圣 于 连 】2ⁿᵈ Clos du MARQUIS

Château LEOVILLE-POYFERRE【Saint-Julien， 圣 于 连 】2ⁿᵈ MOULIN RICHE

Château MONTROSE【Saint-Estèphe，圣爱斯泰夫 】Saint-Es-

tèphe2ⁿᵈ LA DAME DE MONTROSE

Château PICHON-LONGUEVILLE BARON DE PICHON【Pauillac，波亚克】2ⁿᵈ LES TOURELLES DE LONGUEVILLE

Château PICHON-LONGUEVILLE COMTESSE DE LALANDE【Pauillac，波亚克】2ⁿᵈ Réserve de la COMTESSE

Château RAUZAN-SEGLA【Margaux，玛歌】SEGLA

Château RAUZAN-GASSIES【Margaux，玛歌】2ⁿᵈ MAYNE DE JEANNET

三级列级庄 / Troisièmes Crus Classés

Château BOYD-CANTENAC【Margaux， 玛 歌 】2ⁿᵈ Jacques de BOYD

Château CALON-SEGUR【Saint-Estèphe，圣爱斯泰夫 】2ⁿᵈ Marquis de SEGUR

Château CANTENAC-BROWN【Margaux， 玛 歌 】2ⁿᵈ Château CANUET

Château DESMIRAIL【Margaux，玛歌】2ⁿᵈ Domaine DE FON-TARNEY

Château FERRIERE【Margaux，玛歌】2ⁿᵈ Les RAMPARTS

Château GISCOURS【Margaux， 玛 歌 】2ⁿᵈ LA SIRENE DE GISCOURS

Château D'ISSAN【Margaux，玛歌】2ⁿᵈ BLASON D'ISSAN

Château KIRWAN【Margaux， 玛 歌 】2ⁿᵈ LES CHARMES DE KIRWAN

Château LAGRANGE【Saint-Julien，圣于连 】2ⁿᵈ Les Fiefs de LAGRANGE

Château LA LAGUNE【Haut-Médoc，上梅多克 】2ⁿᵈ Moulin de la LAGUNE

Château LANGOA-BARTON【Saint-Julien，圣于连 】

Château MALESCOT SAINT-EXUPERY【Margaux，玛歌】2ⁿᵈ LA DAME DE MALESCOT

Château MARQUIS D'ALESME-BECKER【Margaux， 玛 歌 】2ⁿᵈ MARQUISE D'ALESME

Château PALMER【Margaux， 玛 歌 】2ⁿᵈ La Réserve du GEN-ERAL

四级列级庄 / Quatrièmes Crus Classés

Château BEYCHEVELLE【Saint-Julien，圣于连 】2ⁿᵈ Amiral de BEYCHEVELLE

Château BRANAIRE-DUCRU【Saint-Julien，圣于连 】2ⁿᵈ Château DULUC

Château DUHART-MILON【Pauillac，波亚克 】2ⁿᵈ Moulin de DUHART

Château LAFON-ROCHET【Saint-Estèphe，圣爱斯泰夫】2nd Le N° 2 de LAFON-ROCHET

Château MARQUES-DE-TERME【Margaux，玛歌】2nd Château DES GONDATS

Château POUGET【Margaux，玛歌】2nd ANTOINE POUGET

Château PRIEURE-LICHINE【Margaux，玛歌】2nd Château CLAIRFONT

Château SAINT-PIERRE【Saint-Julien，圣于连】

Château TALBOT【Saint-Julien，圣于连】2nd Le Connetable de TALBOT

Château LA TOUR-CARNET【Haut-Médoc，上梅多克】2nd Le Second de CARNET

五级列级庄 / Cinquièmes Crus Classés

Château D'ARMAILHAC【Pauillac，波亚克】

Château BATAILLEY【Pauillac，波亚克】

Château BELGRAVE【Haut-Médoc，上梅多克】2nd Diane de BELLGRAVE

Château CAMENSAC【Haut-Médoc，上梅多克】2nd Closerie de CAMENSAC

Château CANTEMERLE【Haut-Médoc，上梅多克】2nd Les Allées de CANTEMERLE

Château CLERC-MILON【Pauillac，波亚克】2nd Pastourelle de CLERC-MILON

Château COS-LABORY【Saint-Estèphe，圣爱斯泰夫】2nd Charme de COS-LABORY

Château CROIZET-BAGES【Pauillac，波亚克】2nd La Tourelle de CROIZET-BAGES

Château DAUZAC【Pauillac，波亚克】2nd Château LABARDE

Château GRAND-PUY-DUCASSE【Pauillac，波亚克】2nd Prélu de à GRAND-PUY-DUCASSE

Château GRAND-PUY-LACOSTE【Pauillac，波亚克】2nd LACOSTE BORIE

Château HAUT-BAGES-LIBERAL【Pauillac，波亚克】2nd La Chapelle de BAGES

Château HAUT-BATAILLEY【Pauillac，波亚克】2nd Château Latour L'ASPIC

Château LYNCH-BAGES【Pauillac，波亚克】2nd Château HAUT-BAGES AVEROUS

Château LYNCH-MOUSSAS【Pauillac，波亚克】2nd Château HAUT MADRAC

Château PEDESCLAUX【Pauillac，波亚克】2nd Château BELLE ROSE

• Château Lynch Bages •

Château PONTET-CANET【Pauillac，波亚克】2nd Les Hauts de PONTET

Château DU TERTRE【Margaux，玛歌】2nd Les Hauts du TERTRE

附录 4　波尔多 1855 年苏玳和巴尔萨克列级名庄及副牌酒检索

检索方式：酒庄名【外语产地名，中文产地名】2nd 副牌酒名

超一级列级庄 / Premier Cru Supérieur

Château D'YQUEM【Sauternes，苏玳】2nd Château d'YQUEM "Y"

一级列级庄 / Premiers Crus Classés

Château CLIMENS【Barsac，巴尔萨克】2nd Les Cypres de CLIMENS

Château CLOS-HAUT-PEYRAGUEY【Sauternes，苏玳】2nd Symphonie de HAUT PEYRAGUEY

• Château CLOS-HAUT-PEYRAGUEY •

Château COUTET【Barsac，巴尔萨克】2nd La Chatreuse de COUTET

Château GUIRAUD【Sauternes，苏玳】2nd Le Dauphin DE GUIRAUD

Château LAFAURIE-PEYRAGUEY【Sauternes，苏玳】

Château RABAUD-PROMIS【Sauternes，苏玳】

Château RAYNE-VIGNEAU【Sauternes，苏玳】

Château RIEUSSEC【Sauternes，苏玳】2nd Clos LABERE

Château SIGALAS-RABAUD【Sauternes，苏玳】2nd Le Cadet de SIGALAS

Château SUDUIRAUT【Sauternes，苏玳】2nd Castelnau de SUIDIRAUT

Château LA TOUR BLANCHE【Sauternes，苏玳】2nd Les Charmilles de la TOUR BLANCHE

二级列级庄 / Deuxièmes Crus Classés

Château D'ARCHE【Sauternes，苏玳】2nd Prieuré d'Arche

Château BROUSTET【Barsac，巴尔萨克】2nd Les Charmes de Château BROUSTET

Château CAILLOU【Barsac，巴尔萨克】

Château DOISY-DAENE【Barsac，巴尔萨克】2nd L'Extravagant de Château DOISY-DAENE

Château DOISY-DUBROCA【Barsac，巴尔萨克】

Château DOISY-VEDRINES【Sauternes，苏玳】

Château FILHOT【Sauternes，苏玳】2nd Château FILHOT Gold Reserve

Château LAMOTHE【Sauternes，苏玳】

Château LAMOTHE-GUIGNARD【Sauternes，苏玳】2nd L'Ouest de LAMOTHE-GUIGNARD

Château DE MALLE【Sauternes，苏玳】2nd Château de SAINTE HELENE

Château DE MYRAT【Sauternes，苏玳】

Château NAIRAC【Barsac，巴尔萨克】2nd Esquisse de NAIRAC

Château ROMER-DU-HAYOT【Sauternes，苏玳】2nd Château Andoyse du HAYOT

Château SUAU【Barsac，巴尔萨克】

附录5 波尔多格拉芙列级名庄及副牌酒检索

检索方式：酒庄名【外语产地名，中文产地名】2nd 副牌酒名

Château BOUSCAUT【Pessac-Léognan，佩萨克雷奥良】2nd La Flamme

Château CARBONNIEUX【Pessac-Léognan，佩萨克雷奥良】2nd Château LA TOUR LEOGNAN

Château DE CHEVALIER【Pessac-Léognan，佩萨克雷奥良】2nd L'esprit de CHEVALIER

Château COUHINS【Pessac-Léognan，佩萨克雷奥良】2nd COUHINS la Gravette Rouge et Blanc

Château COUHINS-LURTON【Pessac-Léognan，佩萨克雷奥良】

Château FIEUZAL【Pessac-Léognan，佩萨克雷奥良】2nd L'Abeille de FIEUZAL

Château HAUT-BAILLY【Pessac-Léognan，佩萨克雷奥良】2nd HAUT-BAILLY II

Château HAUT-BRION【Pessac-Léognan，佩萨克雷奥良】2nd Bahans HAUT-BRIONS

Château LAVILLE-HAUT-BRION【Pessac-Léognan，佩萨克雷奥良】

Château MALARTIC-LAGRAVIERE【Pessac-Léognan，佩萨克雷奥良】2nd Le Sillage de MALARTIC

Château LA MISSION-HAUT-BIRON【Pessac-Léognan，佩萨克雷奥良】2nd La Chapelle de la MISSION HAUT-BRION

Château D'OLIVIER【Pessac-Léognan，佩萨克雷奥良】2nd LA Seigneurie d'OLIVIER

Château PAPE CLEMENT【Pessac-Léognan，佩萨克雷奥良】2nd Le CLEMENTIN

Château SMITH-HAUT-LAFITTE【Pessac-Léognan，佩萨克雷奥良】2nd Hauts de SMITH

Château LA TOUR HAUT BRION【Pessac-Léognan，佩萨克雷奥良】

Château LATOUR MARTILLAC【Pessac-Léognan，佩萨克雷奥良】2nd LAGRAVE MARTILLAC

附录6 波尔多左岸其他精品庄园及副牌酒检索

检索方式：酒庄名【外语产地名，中文产地名】2nd 副牌酒名

Château Clarke【Listrac，利斯特拉克】2nd Les Granges des Domaines Edmond de Rothschild

Château Fonréaud【Listrac，利斯特拉克】2nd La légende Fonréaud

Château Fourcas Dupré【Listrac，利斯特拉克】2nd Bellevue de Fourcas Dupré

Château FourcasHosten【Listrac，利斯特拉克】2nd Les Cèdres-d'Hosten

Château Chasse-Spleen【Moulis-en-Médoc，慕里斯梅多克】2nd Oratoire de Chasse-Spleen

Château Maucaillou【Moulis-en-Médoc，慕里斯梅多克】2nd Numéro 2 de Maucaillou

Château Poujeaux【Moulis-en-Médo，慕里斯梅多克】2nd La Salle de Château Poujeaux

Château Beaumont【HautMédoc，上梅多克】2nd Les Tours de Beaumont

Château Citran【HautMédoc，上梅多克】2nd Moulins de Citran

Château Coufran【HautMédoc，上梅多克】2nd N° 2 de Coufran

Château de Lamarque【HautMédoc，上梅多克】2nd Donjon de Lamarque

Château La Tour de By【Médoc，梅多克】2nd La Roque de By

Château Angludet【Margaux，玛歌】2nd Réserved' Angludet

Château Labégorce【Margaux，玛歌】2nd Zédé de Labégorce

Château Monbrison【Margaux，玛歌】2nd Bouquet de Monbrison

Château Siran【Margaux，玛歌】2nd S de Siran

Château Gloria【Saint-Julien，圣于连】2nd Château Peymartin

Château Ormes de Pez【Saint-Estèphe，圣爱斯泰夫】

Château de Pez【Saint-Estèphe，圣爱斯泰夫】

Château Phélan Ségur【Saint-Estèphe，圣爱斯泰夫】2nd Frank Phélan

Château Les Carmes Haut-Brion【Pessac-Léognan，佩萨克雷奥良】2nd Le C des Carmes Haut-Brion

Château de France【Pessac-Léognan，佩萨克雷奥良】2nd Château Coquillas

Château Haut-Bergey【Pessac-Léognan，佩萨克雷奥良】2nd Château Haut-Bergey Cuvée Paul

Château Larrivet Haut-Brion【Pessac-Léognan，佩萨克雷奥良】2nd Demoiselles de Larrivet Haut-Brion

Château La Louvière【Pessac-Léognan，佩萨克雷奥良】2nd L de La Louvière

Château Picque Caillou【Pessac-Léognan，佩萨克雷奥良】2nd La Réserve de Picque Caillou

Château de Chantegrive【Grave，格拉芙】2nd Benjamin de Chantegrive

Château Ferrande【Graves，格拉芙】

Château Rahoul【Graves，格拉芙】2nd L'Orangerie de Rahoul

Château de Fargues【Sauternes，苏玳】

附录7　波尔多圣爱美利永列级名庄及副牌酒检索（2012年榜单）

检索方式：酒庄名【外语产地名，中文产地名】2nd 副牌酒名

一级列级庄 A / Premiers Grands crus Classés A

Château AUSONE【Saint-Emilion Grand Cru，圣爱美利永】2nd CHAPELLE D'AUSONE

Château CHEVAL BLANC【Saint-Emilion Grand Cru，圣爱美利永】2nd PETIT CHEVAL

Château ANGELUS【Saint-Emilion Grand Cru，圣爱美利永】2nd Carillon de l'ANGELUS

Château PAVIE【Saint-Emilion Grand Cru，圣爱美利永】2nd Arômes de Pavie

一级列级庄 / Premiers Grands crus Classés

Château BEAU-SEJOUR BECOT【Saint-Emilion Grand Cru，圣爱美利永】2nd Tournelles des Moïnes

Château BEAUSEJOUR (Héritiers DUFFAU-LAGARROSSE)【Saint-Emilion Grand Cru，圣爱美利永】2nd La Croix de MAZERAT

Château BELAIR-MONANGE【Saint-Emilion Grand Cru，圣爱美利永】2nd Haut-Roc BLANQUANT

Château CANON【Saint-Emilion Grand Cru，圣爱美利永】2nd La Croix CANON

Château CANON LA GAFFELIERE【Saint-Emilion Grand Cru，圣爱美利永】

Clos FOURTET【Saint-Emilion Grand Cru，圣爱美利永】2nd Domaine de MARTIALIS

Château FIGEAC【Saint-Emilion Grand Cru，圣爱美利永】2nd La Grangeneuve de FIGEAC

Château LA GAFFELIERE【Saint-Emilion Grand Cru，圣爱美利永】2nd Clos la GAFFELIERE

LA MONDOTTE【Saint-Emilion Grand Cru，圣爱美利永】

Château LARCIS DUCASSE【Saint-Emilion Grand Cru，圣爱美利永】2nd Murmure de LARCIS DUCASSE

Château PAVIE MACQUIN【Saint-Emilion Grand Cru，圣爱美

利永 〕2nd Les Chênes de MACQUIN

Château TROPLONG MONDOT 〔Saint-Emilion Grand Cru，圣爱美利永〕2nd MONDOT

Château TROTTEVIELLE 〔Saint-Emilion，圣爱美利永〕2nd La Vieille Damme de TROTTE VIELLE

Château VALANDRAUD〔Saint-Emilion Grand Cru，圣爱美利永〕2nd Virginie de VALANDRAUD

列级庄 / Grands crus Classés

Château BALESTARD LA TONNELLE 〔Saint-Emilion Grand Cru，圣爱美利永〕

Château BARDE-HAUT〔Saint-Emilion Grand Cru，圣爱美利永〕

Château BELLEFONT BELCIER 〔Saint-Emilion Grand Cru，圣爱美利永〕2nd Marquis de BELLEFONT

Château BELLEVUE 〔Saint-Emilion Grand Cru，圣爱美利永〕

Château BERLIQUET〔Saint-Emilion Grand Cru，圣爱美利永〕2nd LES AILES BERLIQUET

Château CADET BON 〔Saint-Emilion Grand Cru，圣爱美利永〕2nd VIEUX-MOULIN DU CADET

Château CAP DE MOURLIN 〔Saint-Emilion Grand Cru，圣爱美利永〕

Château CHAUVIN 〔Saint-Emilion Grand Cru，圣爱美利永〕2nd La Borderie de CHAUVIN

Château CLOS DE SARPE 〔Saint-Emilion Grand Cru，圣爱美利永〕

Château Clos DE L'ORATOIRE 〔Saint-Emilion Grand Cru，圣爱美利永〕

Château CORBIN 〔Saint-Emilion Grand Cru，圣爱美利永〕2nd CORBIN La Vielle Tour

Château COTE DE BALEAU 〔Saint-Emilion Grand Cru，圣爱美利永〕

Château DASSAULT 〔Saint-Emilion Grand Cru，圣爱美利永〕2nd Le D de DASSAULT

Château DESTIEUX 〔Saint-Emilion Grand Cru，圣爱美利永〕

Château FLEUR CARDINALE 〔Saint-Emilion Grand Cru，圣爱美利永〕2nd Bois CARDINALE

Château FOMBRAUGE〔Saint-Emilion Grand Cru，圣爱美利永〕2nd Le Cadran de FOMBRAUGE

Château FONPLEGADE〔Saint-Emilion Grand Cru，圣爱美利永〕2nd Fleur de FONPLEGADE

Fleur de FONPLEGADE〔Saint-Emilion Grand Cru，圣爱美利永〕

Château FRANC MAYNE 〔Saint-Emilion Grand Cru，圣爱美利永〕2nd Les Cèdres de FRANC-MAYNE

Château GRAND CORBIN 〔Saint-Emilion Grand Cru，圣爱美利永〕2nd Les Charmes de GRAND CORBIN

Château GRAND CORBIN-DESPAGNE 〔Saint-Emilion Grand Cru，圣爱美利永〕2nd Petit CORBIN-DESPAGNE

Château GRAND MAYNE 〔Saint-Emilion Grand Cru，圣爱美利永〕2nd Les Plantes de MAYNE

Château GRAND PONTET 〔Saint-Emilion Grand Cru，圣爱美利永〕2nd Dauphin de GRAND PONTET'

Château GUADET 〔Saint-Emilion Grand Cru，圣爱美利永〕

Château HAUT SARPE〔Saint-Emilion Grand Cru，圣爱美利永〕2nd Le Second de HAUT SAPRE

Château JEAN FAURE 〔Saint-Emilion Grand Cru，圣爱美利永〕

Château LA FLEUR MORANGE MATHILDE 〔Saint-Emilion Grand Cru，圣爱美利永〕

Château LANIOTE 〔Saint-Emilion Grand Cru，圣爱美利永〕2nd Chapelle de LANIOTE

Château LARMANDE 〔Saint-Emilion Grand Cru，圣爱美利永〕2nd Le Cadet de LARMANDE

Château LAROQUE 〔Saint-Emilion Grand Cru，圣爱美利永〕2nd Tours de LAROQUE

Château LAROZE 〔Saint-Emilion Grand Cru，圣爱美利永〕2nd Clos YON FIGEAC

Château LE PRIEURE 〔Saint-Emilion Grand Cru，圣爱美利永〕2nd Délice de PRIEURE

Château MONBOUSQUET 〔Saint-Emilion Grand Cru，圣爱美利永〕2nd Angelique de MONBOUSQUET

Château MOULIN DU CADET 〔Saint-Emilion Grand Cru，圣爱美利永〕

Château PAVIE DECESSE 〔Saint-Emilion Grand Cru，圣爱美利永〕

Château PEBY FAUGERES 〔Saint-Emilion Grand Cru，圣爱美利永〕

Château PETIT FAURIE DE SOUTARD 〔Saint-Emilion Grand Cru，圣爱美利永〕

Château QUINAULT L'ENCLOS 〔Saint-Emilion Grand Cru，圣爱美利永〕

Château RIPEAU 〔Saint-Emilion Grand Cru，圣爱美利永〕2nd Tour de RIPEAU

Château ROCHEBELLE〔Saint-Emilion Grand Cru，圣爱美利永〕

Château SAINT-GEORGES COTE PAIVE 〔Saint-Emilion Grand Cru，圣爱美利永〕2nd COTE MADELEINE

Château SANSONNET 〔Saint-Emilion Grand Cru，圣爱美利永〕

Château SOUTARD【Saint-Emilion Grand Cru，圣爱美利永】2ⁿᵈ Clos de la TONNELLE

Château TERTRE DAUGAY【Saint-Emilion Grand Cru，圣爱美利永】2ⁿᵈ Château de ROQUEFORT

Château VILLEMAURINE【Saint-Emilion Grand Cru，圣爱美利永】2ⁿᵈ Les Angelots de VILLEMAURINE

Château YON-FIGEAC【Saint-Emilion Grand Cru，圣爱美利永】2ⁿᵈ Yon SAINT-MARTIN

Château DE FERRAND【Saint-Emilion Grand Cru，圣爱美利永】

Château DE PRESSAC【Saint-Emilion Grand Cru，圣爱美利永】2ⁿᵈ Château Tour de PRESSAC

Château L'ARROSEE【Saint-Emilion Grand Cru，圣爱美利永】

Château LA CLOTTE【Saint-Emilion Grand Cru，圣爱美利永】2ⁿᵈ CLos BERGAT-BOISSON

Château LA COMMANDERIE【Saint-Emilion Grand Cru，圣爱美利永】

Château LA COUSPAUDE【Saint-Emilion Grand Cru，圣爱美利永】

Château LA DOMINIQUE【Saint-Emilion Grand Cru，圣爱美利永】2ⁿᵈ Le Saint-Paul de la DOMINIQUE

Château LA MARZELLE【Saint-Emilion Grand Cru，圣爱美利永】2ⁿᵈ Château Prieuré LA MARZELLE

Château LA SERRE【Saint-Emilion Grand Cru，圣爱美利永】2ⁿᵈ Les Menuets de LASERRE

Château LA TOUR FIGEAC【Saint-Emilion Grand Cru，圣爱美利永】

Château LE CHATELET【Saint-Emilion Grand Cru，圣爱美利永】

Château LES GRANDES MURAILLES【Saint-Emilion Grand Cru，圣爱美利永】

Clos SAINT-MARTIN【Saint-Emilion Grand Cru，圣爱美利永】

Clos DES JACOBINS【Saint-Emilion Grand Cru，圣爱美利永】2ⁿᵈ Prieur des JACOBINS，

Clos LA MADELEINE【Saint-Emilion Grand Cru，圣爱美利永】

COUVENT DES JACOBINS【Saint-Emilion Grand Cru，圣爱美利永】

附录 8　波尔多右岸其他精品庄园及副牌酒检索

检索方式：酒庄名【外语产地名，中文产地名】2ⁿᵈ 副牌酒名

Château Franc Mayne【Saint-Emilion Grand Cru，圣爱美利永】2ⁿᵈ Les Cèdres de Franc Mayne

Château Beauregard【Pomerol，波美侯】2ⁿᵈ Benjamin de Beauregard

Château Le Bon Pasteur【Pomerol，波美侯】

Château La Cabanne【Pomerol，波美侯】2ⁿᵈ Domaine de Compostelle

Château Clinet【Pomerol，波美侯】2ⁿᵈ Fleur de Clinet

Château La Conseillante【Pomerol，波美侯】2ⁿᵈ Duo de Conseillante

Château La Croix de Gay【Pomerol，波美侯】

Château l'Evangile【Pomerol，波美侯】2ⁿᵈ Blason de L'Évangile

Château Gazin【Pomerol，波美侯】2ⁿᵈ L'Hospitalet de Gazin

Château Petit-Village【Pomerol，波美侯】2ⁿᵈ Le Jardin de Petit-Village

Château La Pointe【Pomerol，波美侯】2ⁿᵈ Ballade de La Pointe

Château Rouget【Pomerol，波美侯】2ⁿᵈ Le Carillon de Rouget

附录 9　澳大利亚兰顿评级葡萄酒检索

检索方式：酒庄名【外语产地名，中文产地名】上榜产品名

Exceptional

Penfolds【South Australia，南澳大利亚】Bin 95 Grange Shiraz

Henschke【Eden Valley，伊顿谷】Hill of Grace Shiraz

Leeuwin Estate【Margaret River，玛格丽特河】Art Series Chardonnay

Mount Mary【Yarra Valley，雅拉谷】Quintet Cabernet Blend

Wendouree【Clare Valley，克莱尔谷】Shiraz

Bass Phillip【South Gippslnd，南吉普斯兰】Reserve Pinot Noir

• Bass Phillip, Pinot Noir •

Best's Great Western【Grampians，格兰皮恩斯】Thomson Family Shiraz

Brokenwood【Hunter Valley，猎人谷】Graveyard Vineyard Shiraz

Chris Ringland【Barossa Valley，巴罗萨谷】Dry Grown Barossa Ranges Shiraz

Clarendon Hills【McLaren Vale，麦克拉伦谷】Astralis Syrah

Clonakilla【Canberra District，堪培拉区】Shiraz Viognier

Cullen【Margaret River，玛格丽特河】Diana Madeline Cabernet Merlot

Giaconda【Beechworth，比曲尔斯】Estate Vineyard Chardonnay

Grosset【Clare Valley，克莱尔谷】Polish Hill Riesling

Henschke【Eden Valley，伊顿谷】Mount Edelstone Shiraz

Jim Barry【Clare Valley，克莱尔谷】The Armagh Shiraz

Moss Wood【Margaret River，玛格丽特河】Moss Wood Cabernet Sauvignon

Penfolds【South Australia，南澳大利亚】Bin707 Cabernet Sauvignon

Rockford【Barossa Valley，巴罗萨谷】Basket Press Shiraz

Seppeltsfield【Barossa Valley，巴罗萨谷】100 Year Old Para Vintage Tawny

Torbreck【Barossa Valley，巴罗萨谷】RunRig Shiraz

Wynns Coonawarra Estate【Coonawarra，库纳瓦拉】John Riddoch Cabernet Sauvignon

Outstanding

Balnaves of Coonawarra【Coonawarra，库纳瓦拉】The Tally Reserve Cabernet Sauvignon

Barossa Valley Estate【Barossa Valley，巴罗萨谷】E&E Black Pepper Shiraz

Bass Phillip【South Gippsland，南吉普斯兰】Premium Pinot Noir

Best's Great Western【Grampians，格兰皮恩斯】Bin O Shiraz

Bindi【Macedon Ranges，马斯顿山区】Block 5 Pinot Noir

Bindi【Macedon Ranges，马斯顿山区】Original Vineyard Pinot Noir

By Farr【Geelong，吉朗】Sangreal Pinot Noir

Charles Melton【Barossa Valley，巴罗萨谷】Nine Popes Shiraz Grenache Mourvèdre

D'Arenberg【McLaren Vale，麦克拉伦谷】The Dead Arm Shiraz

Domaine A【Coal River Valley，卡尔河谷】Cabernet Sauvignon

• D'Arenberg, The Dead Arm, Shiraz •

Fox Creek【McLaren Vale，麦克拉伦谷】Reserve Shiraz

Grant Burge【Barossa Valley，巴罗萨谷】Meshach Shiraz

Greenock Creek【Barossa Valley，巴罗萨谷】Roennfeldt Road Shiraz

Henschke【Eden Valley，伊顿谷】Cyril Henschke Cabernet Sauvignon Blend

Henschke【Barossa Valley，巴罗萨谷】Keyneton Euphonium Shiraz Cabernet Merlot Blend

Houghton【Frankland River，法兰克兰河】Jack Mann Cabernet Sauvignon

Howard Park【Mount Barker and Margaret River，巴克山河玛格丽特河】Abercrombie Cabernet Sauvignon

Jasper Hill【Heathcote，西斯寇特】Emily's Paddock Shiraz Cabernet Franc

Jasper Hill【Heathcote，西斯寇特】Georgia's Paddock Shiraz

Kaesler【Barossa Valley，巴罗萨谷】Old Bastard Shiraz

• Kaesler, Old Bastard Shiraz •

Katnook Estate【Coonawarra，库纳瓦拉】Odyssey Cabernet Sauvignon

Kay Brothers Amery【McLaren Vale，麦克拉伦谷】Block 6 Old Vine Shiraz

Langmeil【Barossa Valley，巴罗萨谷】The 1843 Freedom Shiraz

Leeuwin Estate【Margaret River，玛格丽特河】Art Series Cabernet Sauvignon

Main Ridge Estate【Mornington Peninsula，莫宁顿半岛】Half Acre Pinot Not

Mount Mary【Yarra Valley，雅拉谷】Pinot Noir

Noon【Langhorne Creek，兰好乐溪】Reserve Shiraz

Penfolds【South Australia，南澳大利亚】Bin 144 Yattarna Chardonnay

Penfolds【South Australia，南澳大利亚】Bin 389 Cabernet Shiraz

Penfolds【South Australia，南澳大利亚】RWT Shiraz

Penfolds【South Australia，南澳大利亚】St. Henri Shiraz

Peter Lehmann【Barossa Valley，巴罗萨谷】Stonewell Shiraz

Pierro【Margaret River，玛格丽特河】Chardonnay

Rockford【Barossa Valley，巴罗萨谷】Black Sparkling Shiraz

Seppeltsfield【Barossa Valley，巴罗萨谷】Para Liqueur Tawny (Vintage)

Tahbilk【Nagambie Lakes，纳甘比湖区】1860 Vines Shiraz

Tyrrell's【Hunter Valley，猎人谷】Vat 1 Semillon

Vasse Felix【Margaret River，玛格丽特河】Tom Cullity Cabernet Sauvignon Malbec

Wendouree【Clare Valley，克莱尔谷】Cabernet Sauvignon

Wendouree【Clare Valley，克莱尔谷】Cabernet Malbec

Wendouree【Clare Valley，克莱尔谷】Shiraz Malbec

Wendouree【Clare Valley，克莱尔谷】Shiraz Mataro

Woodlands【Margaret River，玛格丽特河】Family Series Cabernet Sauvignon

Yalumba【Barossa Valley，巴罗萨谷】The Signature Cabernet Sauvignon

YarraYering【Yarra Valley，雅拉谷】Dry Red Wine No.1 Cabernet

Yeringberg【Yarra Valley，雅拉谷】Cabernet Sauvignon

Excellent

Bowen Estate【Coonawarra，库纳瓦拉】Cabernet Sauvignon

By Farr【Geelong，吉朗】Tout Pres Pinot Noir

Cape Mentelle【Margaret River，玛格丽特河】Cabernet Sauvignon

Castagna【Beechworth，比曲尔斯】Genesis Syrah

Chambers Rosewood【Rutherglen，路斯格兰】Rare Muscadelle

Chambers Rosewood【Rutherglen，路斯格兰】Rare Muscat

Coriole【McLaren Vale，麦克拉伦谷】Lloyd Reserve Shiraz

Craiglee【Sunbury，山伯利】Shiraz

Crawford River【Henty，亨提】Riesling

Cullen【Margaret River，玛格丽特河】Kevin John Chardonnay

D'Arenberg【McLaren Vale，麦克拉伦谷】The Coppermine Road Cabernet Sauvignon

Dalwhinnie【Pyrenees，宝丽斯】Eagle Shiraz

Dalwhinnie【Pyrenees，宝丽斯】Moonambel Shiraz

De Bortoli【Riverina，滨海沿岸】Noble one Botrytis Semillon

Deep Woods Estate【Margaret River，玛格丽特河】Reserve Cabernet Sauvignon

Elderton【Barossa Valley，巴罗萨谷】Command Single Vineyard Shiraz

Freycinet Vineyards【East Coast，东海岸】Pinot Noir

Giaconda【Beechworth，比曲尔斯】Warner Vineyard Shiraz

Glaetzer【Barossa Valley，巴罗萨谷】AMON-Ra Shiraz

Grosset【Clare Valley，克莱尔谷】Gaia Cabernet Blend

Grosset【Clare Valley，克莱尔谷】Springvale Riesling

Hardys【South Australia，南澳大利亚】Eileen Hardy Shiraz

Hentley Farm【Barossa Valley，巴罗萨谷】Clos Otto Shiraz

Hoddles Creek【Yarra Valley，雅拉谷】1er Pinot Noir

John Duval【Barossa Valley，巴罗萨谷】Plexus Shiraz Grenache Mourvèdre

Kalleske【Barossa Valley，巴罗萨谷】Johann Georg Old Vine

Shiraz

Katnook Estate【Coonawarra，库纳瓦拉】Cabernet Sauvignon

Kilikanoon【Clare Valley，克莱尔谷】Oracle Shiraz

Kooyong【Mornington Peninsula，莫宁顿半岛】Heaven Pinot Noir

Lake's Folly【Hunter Valley，猎人谷】Cabernet Blend

Leo Buring【Eden Valley or Clare Valley，伊顿谷或克莱尔谷】Leonay DW Riesling

Majella【Coonawarra，库纳瓦拉】Cabernet Sauvignon

Majella【Coonawarra，库纳瓦拉】The Malleea Cabernet Shiraz

Mount Langi Ghiran【Grampians，格兰皮恩斯】Langi Shiraz

Mount Mary【Yarra Valley，雅拉谷】Chardonnay

Mount Pleasant【Hunter Valley，猎人谷】Lovedale Semillon

Mount Pleasant【Hunter Valley，猎人谷】Maurice O'Shea Shiraz

Noon【Langhorne Creek，兰好乐溪】Reserve Cabernet

Oakridge【Yarra Valley，雅拉谷】864 Chardonnay

Oliver's Taranga Vineyards【McLaren Vale，麦克拉伦谷】HJ Reserve Shiraz

Paringa Estate【Mornington Peninsula，莫宁顿半岛】The Paringa Pinot Noir

Parker Coonawarra Estate【South Australia，南澳大利亚】First Growth Cabernet Blend

Penfolds【South Australia，南澳大利亚】Bin 28 Kalimna Shiraz

Penfolds【South Australia，南澳大利亚】Bin 128 Shiraz

Penfolds【South Australia，南澳大利亚】Bin 407 Cabernet Sauvignon

Penfolds【Adelaide，阿德莱德】Magill Estate Shiraz

Petaluma【Coonawarra，库纳瓦拉】Coonawarra Cabernet Blend

Pewsey Vale【Eden Valley，伊顿谷】The Contours Riesling

Seppelt【Grampians，格兰皮恩斯】St Peters Shiraz

St Hallet【Barossa Valley，巴罗萨谷】Old Block Shiraz

St Hugo【Coonawarra，库纳瓦拉】Cabernet Sauvignon

The Standish Wine Company【Barossa Valley，巴罗萨谷】The Standish Single Vineyard Shiraz

Tim Adams【Clare Valley，克莱尔谷】The Aberfeldy Shiraz

Torbreck【Barossa Valley，巴罗萨谷】Descendant Shiraz Viognier

Turkey Flat【Barossa Valley，巴罗萨谷】Shiraz

Tyrrell's【Hunter Valley，猎人谷】Vat 47 Chardonnay

Vasse Felix【Margaret River，玛格丽特河】Cabernet Sauvignon

Vasse Felix【Margaret River，玛格丽特河】Heytesbury Chardonnay

Voyager Estate【Margaret River，玛格丽特河】Cabernet Sauvignon Merlot

Wirra Wirra【McLaren Vale，麦克拉伦谷】RSW Shiraz

Wolf Blass【South Australia，南澳大利亚】Black Label Cabernet Shiraz Blend

Wynns Coonawarra Estate【Coonawarra，库纳瓦拉】Cabernet Sauvignon

Wynns Coonawarra Estate【Coonawarra，库纳瓦拉】Michael Shiraz

Xanadu【Margaret River，玛格丽特河】Reserve Cabernet Sauvignon

Yabby Lake【Mornington Peninsula，莫宁顿半岛】Single Vineyard Pinot Noir

Yalumba【Barossa Valley，巴罗萨谷】The Octavius Old Vine Shiraz

Yarra Yarra Vineyard【Yarra Valley，雅拉谷】The Yarra Yarra Cabernet Sauvignon

Yarra Yering【Yarra Valley，雅拉谷】Dry Red Wine No.2 Shiraz

附录 10　智利"十八罗汉"酒庄及其葡萄酒检索

检索方式：酒庄名【外语产地名，中文产地名】◆酒庄部分产品名

Altair【Cachapoal，卡恰波阿尔谷】◆ Altair Sideral

Almaviva【Puento Alto，上普恩特】◆ Vina Almaviva EPU

· Almaviva ·

Carmen Gold Reserve Cabernet Sauvignon【Maipo Valley，迈坡山谷】◆ Carmen Gran Reserva Carmenere，Carmen Gran Reserva Cabernet Sauvignon，Carmen Gran Reserva Merlot，

Carmen Insigne Merlot，Carmen Cabernet Sauvignon，Carmen Carmenere，Carmen reserva Merlot，Carmen Winemaker's Red Cabernet Sauvignon Blend，etc.

Casa Lapostolle Clos Apalta【Colchagua Valley，科尔查瓜谷】◆ Casa Lapostolle Casa Merlot，Casa Lapostolle Cuvee Alexandre Merlot，Casa Lapostolle Cuvee Alexandre Cabernet Sauvignon，Lapostolle Canto de Apalta，Casa Lapostolle Cuvee Alexandre Carmenere，Casa Lapostolle Cuvee Alexandre Pinot Noir，etc.

Clos Quebrada de Macul Domus Aurea Cabernet Sauvignon【Maipo Valley，迈坡山谷】◆ Quebrada de Macul Penalolen Cabernet Sauvignon，Quebrada de Macul Sauvignon Blanc，Quebrada de Macul Stella Aurea，Quebrada de Macul Penalolen Cabernet Franc，Quebrada de Macul Penalolen Azul Cabernet Sauvignon，Quebrada de Macul Penalolen Syrah，Quebrada de Macul Penalolen Carmenere，Quebrada de Macul Alba de Domus

Concha y Toro Don Melchor Cabernet Sauvignon【Puento Alto，上普恩特】◆ Concha y Toro Casillero del Diablo Reserva Merlot，Concha y Toro Casillero del Diablo Reserva Cabernet Sauvignon，Concha y Toro Sendero Sauvignon Blanc，Concha y Toro Trio Reserva Merlot-Carmenere-Cabernet Sauvignon，Concha y Toro Terrunyo Carmenere，Concha y Toro Terrunyo Cabernet Sauvignon，etc.

Cono Sur Ocio Pinot Noir【Casablanca Valley，卡萨布兰卡谷】◆ Cono Sur 20 Barrels Limited Edition Series (Pinot Noir，Cabernet Sauvignon，Merlot，Syrah)，Cono Sur Bicicleta Series (Merlot，Carmenere，Pinot Noir)，etc.

Errazuriz Don Maximiano Founder's Reserve【Aconcagua Valley，阿空查瓜谷】◆ Errazuriz Max Reserva Series (Merlot，Shiraz，Cabernet Sauvignon，Carmenere)，Errazuriz KAI Carmenere，Errazuriz La Cumbre Syrah，Errazuriz Aconcagua Costa Sauvignon Blanc，Errazuriz Estate Series (Cabernet Sauvignon，Carmenere，Merlot，Pinot Noir)，etc.

Montes Alpha M【Colchagua Valley，科尔查瓜谷】◆ Montes Classic Series (Cabernet Sauvignon，Merlot)，Montes Alpha Series (Cabernet Sauvignon，Syrah，Carmenere，Pinot Noir，Chardonnay)，Montes Cherub Rose，Montes Limited Selection Series (Cabernet Sauvignon，Sauvignon Blanc，Pinot Noir)，Montes Outer Limits Sauvignon Blanc，etc.

Montes Folly【Colchagua Valley，科尔查瓜谷】参考 "**Montes Alpha M**"

Morande House of Morande【Maipo Valley，迈坡山谷】

Santa Carolina Herencia【Central Valley，中央山谷】◆ Santa Carolina Reserva de Familia Cabernet Sauvignon，Santa Carolina Reserva Cabernet Sauvignon，Santa Carolina Sparkling Brut，

Santa Carolina VSC，Santa Carolina Reserva Series (Carmenere，Merlot，Syrah，Pinot Noir，Sauvignon Blanc，Chardonnay)，etc.

Sena【Aconcagua Valley，阿空查瓜谷】

Santa Rita Casa Real Reserva Especial Cabernet Sauvignon【Maipo Valley，迈坡山谷】◆ Santa Rita Medalla Real Gran Reserva Cabernet Sauvignon，Santa Rita 120 Reserve Especial Series (Chardonnay，Sauvignon Blanc，Carmenere，Merlot，Carmenere Cabernet Franc Cabernet Sauvignon，Syrah，Rose)，Santa Rita Floresta Sauvignon Blanc，Santa Rita Secret Reserva Sauvignon Blanc，etc.

Vina San Pedro Cabo de Hornos Special Reserve Cabernet Sauvignon【Cachapoal Valley，卡恰布谷】◆ Vina San Pedro 35° South Reserva Cabernet Sauvignon，Vina San Pedro 1865 Single Vineyard Syrah，Vina San Pedro Castillo de Molina Reserva Merlot，etc.

Vina von Siebenthal Tatay de Cristobal Carmenere【Aconcagua Valley，阿空查瓜谷】◆ Vina Von Siebenthal Montelig，Vina Von Siebenthal Toknar Petit Verdot，Vina Von Siebenthal Carmenere Reserva，Vina Von Siebenthal Parcela 7 Reserva，Vina Von Siebenthal Carabantes，Vina Von Siebenthal Riomistico Viognier

Vinedo Chadwick【Puento Alto，上普恩特】

Viu Manet Viu 1【Colchagua Valley，科尔查瓜谷】◆ Viu Manet Estate Collection Reserva Series (Malbec，Merlot，Carmenere，Cabernet Sauvignon，Sauvignon Blanc，Chardonnay)，Viu Manet Secreto Series (Carmenere，Malbec，Syrah，Sauvignon Blanc，Viognier，Pinot Noir)，etc.

• VIU MANET, VIU 1 •

附录 11 侍酒师职业能力建设任务检索

编号	能力建设任务项	难度	能力	是否达标
01	了解中西方侍酒服务文化和发展历史	2	素养	
02	了解侍酒师常见的工作场景	2	素养	
03	了解餐厅酒水业务的管理模式	4	管理	
04	了解并执行侍酒师仪容、仪表方面的要求，遵守侍酒师行为规范	2	素养	
05	了解侍酒服务岗位的职业发展路径和薪酬构成，懂得制定餐厅侍酒师的薪酬体系	5	管理	
06	辨认常见的酒杯材质和款式，并说出不同款式酒杯的设计用意和具体用途	2	知识	
07	掌握机洗和手洗酒杯的清洗方式，掌握酒杯的收纳方式	2	技术	
08	了解海马刀开瓶器、电动开瓶器、Ah-So 开瓶器和香槟刀的构造和工作原理	2	知识	
09	掌握开瓶器的日常维护和收纳管理方式	2	技术	
10	了解醒酒器的作用和设计原理	2	知识	
11	掌握醒酒器的回收方式、清洗方式和收纳管理方式	2	技术	
12	辨认并了解白酒分酒器、黄酒温酒壶、清酒冰酒壶的构造和工作原理	2	知识	
13	掌握白酒分酒器、黄酒温酒壶、清酒冰酒壶的回收方式、清洗方式和收纳管理方式	2	技术	
14	掌握口布的日常维护和收纳管理方式	2	技术	
15	掌握倒酒片的使用和管理方式	2	技术	
16	了解恒温酒柜、葡萄酒分杯机、冰桶、口布、倒酒片、杯筐、擦杯机的工作原理	2	知识	
17	能够利用法式和英式两种落座原则为客人安排宴会座席并根据顺序进行酒水服务	2	技术	
18	能够按照中式餐桌落座原则为客人安排宴会座席并了解中餐酒水服务原则	2	技术	
19	了解不同类型葡萄酒、中国白酒、中国黄酒、白兰地、威士忌和日本清酒的最佳饮用温度	2	知识	
20	能够正确地记录并口头复述酒水点单信息	3	沟通	
21	能够在开展侍酒服务前对产品进行品相检查	2	技术	
22	能够按要求准备侍酒服务的工具和饮酒器皿	2	技术	
23	能够用海马刀开瓶器开启一瓶用软木塞封瓶的葡萄酒	2	技术	
24	掌握软木塞封瓶的红葡萄酒的完整侍酒服务流程	2	技术	
25	掌握软木塞封瓶的白葡萄酒的完整侍酒服务流程	2	技术	
26	掌握螺旋盖封瓶的葡萄酒的开瓶流程	2	技术	
27	掌握蜡封葡萄酒的开瓶流程	2	技术	
28	掌握起泡型葡萄酒的完整侍酒服务流程	2	技术	
29	掌握用醒酒器滗酒的服务流程	3	技术	
30	掌握用醒酒器醒酒的服务流程	3	技术	

（续）

编号	能力建设任务项	难度	能力	是否达标
31	掌握用 Ah-So 开瓶器开启老年份葡萄酒的服务流程	3	技术	
32	了解中国白酒的 12 种主要香型及其代表性品牌	3	知识	
33	掌握中国白酒的侍酒服务流程	3	技术	
34	了解中国黄酒的酿酒材料和分类	3	知识	
35	掌握中国黄酒温饮的侍酒服务流程	3	技术	
36	掌握白兰地的侍酒服务流程	3	技术	
37	掌握纯饮威士忌的侍酒服务流程	3	技术	
38	掌握威士忌冰饮不加冰的侍酒服务流程	3	技术	
39	掌握威士忌加纯净水的侍酒服务流程	3	技术	
40	掌握威士忌冰饮的侍酒服务流程	3	技术	
41	掌握威士忌日本"水割法"侍酒服务流程	3	技术	
42	掌握威士忌"1 达姆""1 个手指""2 个手指"和"1 杯"的倒酒量	3	技术	
43	掌握日本清酒温饮的侍酒服务流程	3	技术	
44	掌握日本清酒冰饮的两种侍酒服务方式	3	技术	
45	能够处理"客人点单后发现库存中的产品品相不佳"的突发状况	4	沟通	
46	能够处理"打开瓶帽后，发现瓶口处已经发霉"的突发状况	4	沟通	
47	能够辨识葡萄酒的异常状态并处理相应的状况	4	沟通	
48	能够处理酒杯掉地破碎的突发状况	4	沟通	
49	能够处理酒水打翻并浸染到衣物的突发状况	4	沟通	
50	能够处理客人点选的酒水已经售罄的突发状况	4	沟通	
51	能够处理客人在饮用酒水后出现头部晕眩、干呕、身体过敏、起疹等情况的突发状况	4	沟通	
52	能够处理客人醉酒的突发状况	4	沟通	
53	了解餐酒搭配的基本原理	2	知识	
54	了解粤菜经典食材、经典菜式的口味特点以及适合它们的佐餐用酒	3	知识	
55	了解川渝菜经典食材、经典菜式的口味特点以及适合它们的佐餐用酒	3	知识	
56	了解湘菜经典食材、经典菜式的口味特点以及适合它们的佐餐用酒	3	知识	
57	了解鲁菜、京菜经典食材、经典菜式的口味特点以及适合它们的佐餐用酒	3	知识	
58	了解江浙菜经典食材、经典菜式的口味特点以及适合它们的佐餐用酒	3	知识	
59	了解日本料理、泰式料理、韩国料理等亚洲菜经典食材、经典菜式的口味特点以及适合它们的佐餐用酒	4	知识	
60	了解法餐和意大利菜等欧洲菜经典食材、经典菜式的口味特点以及适合它们的佐餐用酒	4	知识	

（续）

编号	能力建设任务项	难度	能力	是否达标
61	了解市场上常见的菜式主题餐厅类型以及适合它们的佐餐用酒	4	知识	
62	了解不同季节特色食材或食品的口味特点以及适合它们的佐餐用酒	4	知识	
63	能够结合所学习葡萄酒知识对某款菜式提出餐酒搭配的建议并说出理由	4	技术	
64	了解酒单设计与制作的基本外部要素	5	管理	
65	了解构成酒单主体的核心内容	5	管理	
66	了解在制定酒单产品价格时考虑的因素	5	管理	
67	能够结合所学习的关于酒单设计、制作、内容结构和定价知识，制作一份完整、专业的酒单	5	管理	
68	了解在餐厅情境下影响客人酒水消费的八个因素	5	管理	
69	能够结合所学习的关于餐厅"五觉好感"体系的知识对某餐厅进行现场诊断，制作餐厅"五觉好感"体系控制表格并提出改进意见	5	管理	
70	能够结合常用话术向客人呈递酒单并应对客人在阅读酒单后的不同反应	3	沟通	
71	能够根据"认酒"表格记忆酒水产品的外观特点并进行口头表述	4	沟通	
72	能够根据"酒水产品的七个记忆重点"表格记忆酒水核心信息并进行口头表述	4	沟通	
73	能够根据"酒品一句话卖点描述"表格记忆酒水的主要卖点并进行口头表述	4	沟通	
74	熟悉餐厅酒水销售常见问题并掌握常见的回答方式	4	沟通	
75	能够向客人推荐知名品牌的酒水	4	沟通	
76	掌握在特殊情境下让主管介入的话术	3	沟通	
77	能够处理客人自带酒水到店消费的情况	4	沟通	
78	牢记推销酒水时的行为准则	2	素养	
79	了解餐厅采购酒水的决策机制和可供选择的采购模式	5	管理	
80	了解餐厅选酒时的考量因素并能够结合某家餐厅进行实地分析	5	管理	
81	了解酒水专业展会、批发市场和陌生拜访等酒水供应商信息的获取渠道	5	知识	
82	能够根据不同类型的酒水品类分析并选择最佳采购渠道	5	管理	
83	能够参考"酒水供应商初步评估表"中的条款对供应商进行分析	5	管理	
84	能够针对备选酒板组织盲品，利用评分模式进行评分并做出客观选择	5	管理	
85	了解酒水下单流程并能够制作酒水采购订单	5	管理	
86	能够核对酒水送货单信息	5	管理	
87	能够参考"餐厅酒水来货检查表"对到货酒水进行来货检查	5	管理	
88	能够制作"餐厅酒水盘点表"并对酒水库存进行盘点	5	管理	
89	了解FIFO（先进先出）的酒水库存管理原则	5	管理	
90	能够对酒水储存环境进行管理和维护	5	管理	

参考文献

［1］Brunet P. Le Vin et les Vins au Restaurant［M］. Paris: BPI, 2010.

［2］刘春艳，余冰，潘家佳，等.葡萄酒品鉴与侍酒服务［M］.桂林：广西师范大学出版社，2020.

［3］Page K, Dornenburg A. The Food Lover's Guide to Wine［M］. New York: Little, Brown and Company, 2011.

［4］沈怡方.白酒生产技术全书［M］.北京：中国轻工业出版社，2007.

［5］田崎真也.侍酒师的表现力［M］.林盛月，译.台北：积木文化，2014.

［6］谢广发.黄酒酿造技术［M］. 2 版.北京：中国轻工业出版社，2016.